汤泽 findyi

ChatGPT与AIGC实战指南

AI超级个体

易洋（@findyi） 潘泽彬 李世明 著

電子工業出版社·
Publishing House of Electronics Industry
北京·BEIJING

内 容 简 介

本书首先介绍了使用ChatGPT的提示词技巧，详细解释了如何有效使用提示词提问。接下来，介绍了可以与ChatGPT结合使用的各种AI工具，包括与AI写作、文本转语音和数字人等有关的工具。了解市场上常见的AI工具后，书中探讨了如何将AI应用于工作和学习，为读者提供强大的支持和帮助。随后，书中分享了基于ChatGPT的创业实例，激发读者的创新思维。最后，书中还介绍了AI在企业中实际应用的案例，展示了其在降低成本、提高效率方面的巨大潜力。

图书在版编目（CIP）数据

AI超级个体：ChatGPT与AIGC实战指南 / 易洋，潘泽彬，李世明著. —北京：电子工业出版社，2023.8
ISBN 978-7-121-46080-7

Ⅰ.①A… Ⅱ.①易… ②潘… ③李… Ⅲ.①人工智能 Ⅳ.①TP18

中国国家版本馆CIP数据核字（2023）第144789号

责任编辑：张月萍
印　　刷：天津千鹤文化传播有限公司
装　　订：天津千鹤文化传播有限公司
出版发行：电子工业出版社
　　　　　北京市海淀区万寿路173信箱　　　　邮编：100036
开　　本：720×1000　1/16　　印张：17　　　字数：359千字
版　　次：2023年8月第1版
印　　次：2023年8月第1次印刷
定　　价：109.00元

凡所购买电子工业出版社图书有缺损问题，请向购买书店调换。若书店售缺，请与本社发行部联系，联系及邮购电话：（010）88254888，88258888。
质量投诉请发邮件至zlts@phei.com.cn，盗版侵权举报请发邮件至dbqq@phei.com.cn。
本书咨询联系方式：faq@phei.com.cn。

前　言

大家好，我是易洋（findyi），写这本书缘起于我的 AI 破局俱乐部，而 AI 破局俱乐部缘起于 ChatGPT 和它带来的 AI 浪潮。

ChatGPT 是一款通用人工智能（AI）工具，使用过它的人都能感受到它的魅力。AI 并不是一个新事物，它在全世界都发展很多年了，但在 ChatGPT 诞生之前，我们的 AI 只能算垂直 AI，比如 AlphaGo，它下围棋能打败人类的世界冠军，但如果你用它下象棋就不行了。而 ChatGPT 和现在的大模型工具是完全不一样的存在，如果掌握了正确的提词方式，它可以干很多很多工作，比如写 PPT、做 Excel 表，再比如写文章、写书，又或者生成图片，等等。

更让人感到惊讶的是 ChatGPT 的"类人类思维"，大模型工具因为海量的数据和链接产生了智慧的涌现，从而突破了垂直人工智能的限制，化身为通用人工智能。

第一次使用 ChatGPT 4.0 时，我还在网易做高管，负责一个大部门，我们部门一年的营收接近 10 亿元，当认识到 AI 将颠覆我们习以为常的很多事物之后，我毅然决然选择从网易离职，创建了 AI 破局俱乐部这个付费社群。

我的初心是：在 AI 时代带领一群人学习 AI 工具、实践 AI 工具，最后用 AI 工具实现人生的跨越。短短几个月的时间，这个社群发展到近 3 万人规模，在社群涌现出太多太多 AI 的应用案例，有通过 AI 实现职场提效的，还有用 AI 开启副业赚钱的，更有在大模型的基础上做 AI 应用创业的。

这是《AI 超级个体：ChatGPT 与 AIGC 实战指南》诞生的契机，本书将围绕 AI 工具的学习和使用、AI 工具在各个领域的实操来展开，期望看过这本书的人能了解、掌握和实践 AI。

另外，我认为未来的世界是超级个体的世界，现在 AI 时代全面到来。在之前的时代要成为超级个体有难度、有门槛，比如很多人就是憋半天都写不出几百字，很多人就是花很久也拍不出好的视频；现在的 ChatGPT、AI 数字人技术、Midjourney、Stable Diffusion 等，这些工具要是用会了，在很多领域我们都可以很轻松地成为超级个体。

同时，用好 AI 工具能让创业者招更少的人、做更多的事情，所以在这个时代，如果你掌握了 AI 工具，就有可能获得人生发展的助力。

我自己其实也算一个超级个体，我兼职写作三年，在图文自媒体领域拥有 50 万读者，这一切都是通过写作得到的。在三年前我写一篇文章需要七天时间，在两年前需要三天，经过三年的训练之后，我写一篇文章只需要 30 分钟。但这个结果是三年的刻意训练换来的，当我用了 ChatGPT 写作之后，我发现原来这三年真的是浪费了，如果三年前有 ChatGPT，我只需训练一个月的提词能力就能做到 30 分钟写一篇文章。

AI 会加速超级个体的诞生，甚至在一定程度上会瓦解大公司雇佣制，未来的世界很可能是平台加超级个体的世界。因为 AI 工具的诞生，会加剧马太效应的产生，有能力的人和掌握 AI 工具的人的生产力会被快速放大，从而获得人生的自由。

这本书是写给那些不甘于平凡、想通过 AI 工具实现跨越的人，我期望能给这群人带来关于 AI 的认知、理论、实操的全方位提升。

其实掌握 AI、应用 AI 不仅是普通人必须做的事情，企业家在这个时代也开启了学习之旅。

大佬马化腾最近在接受采访时说了一个重磅观点："最开始腾讯以为 ChatGPT 的出现是互联网十年不遇的机会，但是越想越觉得这是几百年不遇的、类似发明电的工业革命一样的机遇，所以公司觉得（AI）非常重要。"

从生产力提升的层面来看，AI 的确要远超十年不遇的移动互联网时代，这是一次大变革，亦是一次大机遇。

我最近给多家企业家俱乐部讲 AI 课程的感受是，企业家们都在积极探索 AI 能应用到公司的哪个业务环节，比如智能客服、智能销售、智能招聘、智能题库、AI 数字人等。

这是企业和个人赛跑的时代，赛跑的标的就是 AI 工具，掌握它、应用它、用它做出成绩是我们都要面对的挑战。

让我们开始共同进入 AI 与人类共生的新时代吧！

如果您有关于 AI 超级个体相关的话题需要交流，也可以加我们微信交流。

鸣谢

本书特别感谢

范新、李雅洁、狄斌、杨国伟、唐迅

自由、吕雨奕、张莉婷、王强、元峰

台风 -chatgpt 魔法师、徐强、刘驴、庄文嘉、潘达

目　　录

第1章
ChatGPT 入门

ChatGPT 是在 2022 年底公布的大语言模型，它的出现，在 AI 领域引发了新的热潮。那么 ChatGPT 是怎样的存在以及我们要如何用好 ChatGPT 呢？

1.1 认识 ChatGPT

　　ChatGPT 是 OpenAI 公司开发的语言模型（见图 1-1），其核心基于 GPT 大型语言模型。自从 ChatGPT 面世以来，在全球范围内迅速引起了广泛关注。得益于 ChatGPT 的火爆表现，OpenAI 公司的市值也随之水涨船高。

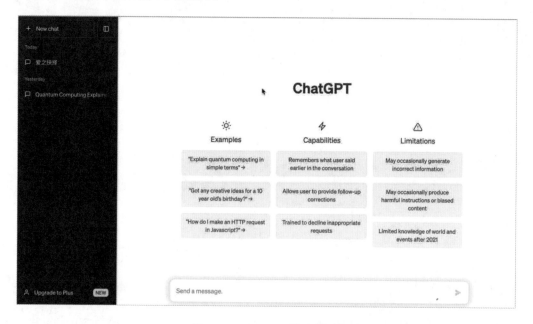

图 1-1　ChatGPT 聊天页面

　　ChatGPT 的火爆，其实是多方面原因共同促成的，其中最重要的是 ChatGPT 应用范围非常广泛，比如在写作辅助、办公辅助、法律咨询、学科领域的学习、程序代码编写，等等，ChatGPT 的出现标志着人工智能进入了一个新纪元。其强大功能引领了行业潮流，催生了许多类似的大语言模型。自 ChatGPT 问世以来，众多竞争对手纷纷涌现，共同助力这一领域的蓬勃发展。现阶段成熟的大语言模型平台，除了 ChatGPT，还有微软的 New Bing、百度的文言一心、阿里的通义千问、科大讯飞的星火等。毫无疑问，这里列举的仅是部分大语言模型，事实上还有许多其他公司推出的大语言模型未被提及。这些现象无不证明了 AI 时代的到来，预示着未来将带来更多的创新与变革。

　　自 ChatGPT 进入大众视野以来，有人使用 ChatGPT 辅助写文章，有人使用 ChatGPT 写代码，也有人使用 ChatGPT 作为健康助手，等等。ChatGPT 不就是一个 AI 聊天机器人吗，为什么它在不同人手里充当的角色完全不同呢？要想搞懂这个问题，那么就要先搞懂跟

ChatGPT 沟通时使用的提示词。

1.2　认识 ChatGPT 提示词

先来看图 1-2 所示的一个示例。

图 1-2　提示词示例

在图 1-2 中，"给我制定一个合理的作息时间表"就是提示词。提示词很容易理解，简单讲就是人类跟 AI 聊天工具交互时输入的文字信息。

可不要小看这个提示词，用好了它可以让我们快速得到高质量的答案。比如，我们可以在提示词里面说清楚职业，并说清楚工作的时间以及每天工作之外做的事情，那么 ChatGPT 就会根据提示词给出让我们更加满意的答案，如图 1-3 所示。

可以发现，当提示词更加详细时，ChatGPT 给出的回答就会更加符合要求。当然，我们甚至可以让 ChatGPT 生成一张表格，这样看起来会更加清晰，如图 1-4 所示。

> j 我是一名女性医生，目前我单身，我工作时间是上午8:00-11:30和下午2:00-5:00，我家离医院开车需要30分钟，我工作之余喜欢看书、做瑜伽、跑步、研究美食，给我制定一个合理的作息时间表

> 基于你提供的信息，我为你制定了一个合理的作息时间表：
>
> 早晨：
> 6:30 - 7:00：起床，进行晨间伸展或轻度运动
> 7:00 - 7:30：洗漱、穿衣、准备早餐
> 7:30 - 8:00：享用早餐，放松一下
>
> 上午工作时间：
> 8:00 - 11:30：专注于工作，处理病人的诊断和治疗
>
> 午间：
> 11:30 - 12:30：用餐时间，吃午餐并放松休息
>
> 下午工作时间：
> 12:30 - 14:00：驱车回家，休息片刻，进行个人活动（如看书、瑜伽、研究美食等）
> 14:00 - 17:00：继续工作，完成剩余任务和病人的咨询
>
> 傍晚：
> 17:00 - 17:30：驱车回家，放松一下
> 17:30 - 18:30：进行跑步或其他有氧运动
> 18:30 - 19:30：自由时间，可以用于个人爱好（如阅读、研究美食等）
>
> 晚上：
> 19:30 - 20:30：晚餐和休息时间
> 20:30 - 21:30：进行瑜伽或其他放
> 21:30 - 22:30：个人时间，可以阅

图 1-3　详细作息时间表

> j 将这个作息表生成表格

> 当然，请看以下生成的表格，展示了你的作息时间表：

时间	活动
6:30 - 7:00	起床，进行晨间伸展或轻度运动
7:00 - 7:30	洗漱、穿衣、准备早餐
7:30 - 8:00	享用早餐，放松一下
8:00 - 11:30	上午工作时间，处理病人的诊断和治疗
11:30 - 12:30	用餐时间，吃午餐并放松休息
12:30 - 14:00	驱车回家，休息片刻，进行个人活动（如看书、瑜伽、研究美食等）
14:00 - 17:00	继续工作，完成剩余任务和病人的咨询
17:00 - 17:30	驱车回家，放松一下
17:30 - 18:30	进行跑步或其他有氧运动
18:30 - 19:30	自由时间，可以用于个人爱好（如阅读、研究美食等）
19:30 - 20:30	晚餐和休息时间
20:30 - 21:30	进行瑜伽或其他放松活动
21:30 - 22:30	个人时间，可以阅读、学习或与家人朋友交流
22:30	上床睡觉，确保获得足够的睡眠时间

> 请根据表格中的时间和活动，合理安排你的日常作息。记得根据需要进行个性化调整，并确保在每天结束时获得足够的休息和睡眠时间。

图 1-4　生成表格

1.3 ChatGPT 提示词原则和格式

在上一节我们通过几个小例子已经认识了提示词，并且了解到如果在提示词里增加更多描述信息，我们就会得到更精准的答复，这其实并不难理解，我们把 AI 机器人当成人类即可。试想一下，我们平时和同事或者家人沟通时，是不是我们表达得越清楚，就越容易得到想要的回答呢？

1.3.1 ChatGPT 提示词原则

ChatGPT 毕竟不是人类，它只是一个基于大语言模型的聊天机器人，它的底层逻辑必然会遵循一定的原则，所以我们给到它的提示词也会遵循一定的原则。经过一段时间的使用和研究，我总结了以下几个关于提示词的原则。

1. 简单明了，减少歧义

我们平时向领导汇报时，领导更希望我们言简意赅一针见血，而不是啰啰唆唆说一堆不相干的事情。同理，我们跟 AI 机器人沟通时，同样要遵循此原则，有时候提示词写得非常详细反而会产生相反的效果，毕竟 AI 在理解人类语言的能力上并不能和人类大脑相媲美。太详细意味着增加了复杂度，这会引发歧义。总之，我们要本着一个既简单又清晰的原则来构建提示词。

下面这个提示词并不合格：

> 在某个特殊的场合，主角遇到了一个难以抉择的问题，在面对多年暗恋对象时他不确定该如何选择。他在这个过程中经历了什么？请描述这个场景、主角的心情以及最终的抉择。

这个提示词有歧义，因为它没有明确说明特殊场合是什么以及主角面临的具体问题。这使得回答者需要从多个可能的场景和问题中进行选择，并根据自己的理解去填充具体细节。

而一个合格的提示词应该是这样的：

> 在一场同学聚会上，主角遇到了一个难以抉择的问题：告白多年的暗恋对象还是保持沉默。请描述这个场景、主角的心情以及最终的抉择。

改进后的提示词明确了特殊场合（同学聚会）以及主角面临的具体问题（告白还是保持沉默），从而使回答者能够更好地理解问题背景并提供一个有针对性的回答。

2. 关键信息一定要有

提示词中一定要包含关键信息，否则 ChatGPT 无法理解我们的意图。

比如，下面这个提示词就不合格：

> 某人在一个特殊的时刻需要做出一个重要决定。请描述这个过程及其结果。

这个提示词没有提供足够的关键信息，如特殊时刻的具体描述、决策的背景以及涉及的角色等。应该改为如下这样：

> 在高考前夕，某位学生需要在理科和文科专业之间做出一个重要决定。请描述这名学生在决策过程中的思考、挣扎，以及最终的选择及其原因。

3. 问题要聚焦

避免问题太泛或太开放，而是要限定范围。

4. 使用正确的语法和标点符号

ChatGPT 作为一个多语言 AI 模型，它可以直接理解和处理中文的提示词。所以，无论我们给它英文还是中文的提示词，它都可以轻松应对。但是，我们给出的提示词一定要遵循语言本身的语法规则，比如中文提示词就要遵循中文的语法，不能颠倒顺序：

> 告诉我一下关于喜欢的食物狗和它们的营养需求信息

这个句子很明显有问题，应该改为：

> 请告诉我关于狗喜欢的食物及它们的营养需求信息

同样，在标点符号应用上也要遵循其规则，下面示例是不对的：

> 描述一下 埃菲尔铁塔 的历史？以及它的建筑风格

应该改为：

> 描述一下埃菲尔铁塔的历史，以及它的建筑风格。

5. 多次迭代

ChatGPT 有一个会话的概念，在一个会话里我们可以多次向 ChatGPT 发起提问。例如在 ChatGPT 给出作息时间的内容后，我们再次让它生成表格，这里就涉及了上下文联系。根据此特性，我们的提示词可以先从简单开始，然后根据它给出的内容再补充一些信息，这样经过几轮的迭代，最终 ChatGPT 就能给出让我们满意的答案了。下面是一个提示词迭代四次的示例：

初始提示词：

请描述一段话，主题是一个人在森林里迷路了。

迭代第一次：

这个人是一个年轻人，他探险时在茂密的森林里迷路了。

迭代第二次：

他热爱大自然，他是在神秘的亚马孙雨林迷路的。

迭代第三次：

他是一名科学家，他的名字叫约翰，他在寻找罕见植物时迷路。

迭代第四次：

他是为了发现尚未被科学界记录的罕见植物才到的森林深处，森林深处非常危险，他必须依靠自己的知识、勇气以及机智来生存并找到回家的路。

1.3.2　ChatGPT 提示词格式

用好了提示词可以事半功倍，那么一个好的提示词除了遵循前一节提到的原则，它是否还需要具备一定的格式呢？答案是肯定的。

通过查阅网上公开的资料并结合个人对提示词的理解，总结如表 1-1 所示提示词元素。

表 1-1　提示词元素

元素	是否可选	说明
指令（Instruction）	必选	我们希望 ChatGPT 做的具体事情是什么
上下文（Context）	可选	通常是上下文或者背景信息，用来引导 ChatGPT 给出更精准的答案
输入数据（Input Data）	可选	告知 ChatGPT 需要处理的信息是什么，比如要翻译的句子
输出指示（Output Indicator）	可选	告知 ChatGPT 需要输出什么类型或者格式的数据，比如需要输出中文

为了更好地理解这部分内容，我们来看如下几个示例。

示例提示词 1：

中国有多少个民族？

元素拆解：

* 指令：中国有多少个民族？
* 上下文：无。
* 输入数据：无。
* 输出指示：无。

示例提示词 2：

将以下英文句子翻译成中文。Life is a journey, not a destination.

元素拆解：

* 指令：将以下英文句子翻译成中文。
* 上下文：无。
* 输入数据：Life is a journey, not a destination.
* 输出指示：翻译成中文。

示例提示词 3：

为一本名为《步步历险记》的儿童图书编写一个简短的故事大纲。故事发生在一个充满奇幻元素的世界，主角是一位名叫步步的小男孩。

元素拆解：

* 指令：为一本名为《步步历险记》的儿童图书编写一个简短的故事大纲。
* 上下文：故事发生在一个充满奇幻元素的世界，主角是一位名叫步步的小男孩。
* 输入数据：无。
* 输出指示：故事大纲。

示例提示词 4：

请根据以下情景，用诗歌形式描述这段经历。一个人在秋天的傍晚，独自漫步在公园里，欣赏着落叶和美丽的日落。诗词中要包含关键词：秋天、傍晚、公园、落叶和日落。

元素拆解：

* 指令：请根据以下情景，用诗歌形式描述这段经历。
* 上下文：一个人在秋天的傍晚，独自漫步在公园里，欣赏着落叶和美丽的日落。

* 输入数据：包含关键词：秋天、傍晚、公园、落叶和日落。

* 输出指示：诗歌。

通过学习以上 4 个提示词拆解的示例，相信你对提示词的理解会更加深入。ChatGPT 提示词的格式固然重要，但请不要刻意去套用格式，毕竟对你的应用场景不见得适用。

1.4　ChatGPT 提示词常用形式

不同的人使用 ChatGPT 去完成不同的任务，其秘诀就在于他们在 ChatGPT 提示词中做了特殊的处理。经过一段时间对 ChatGPT 的使用和研究，我们总结出十几种提示词常用的形式。

1.4.1　提问

提问形式的提示词最为常见，因为大多数情况我们都是在问 ChatGPT 问题，如下提示词就是一个典型的提问提示词：

中国的国庆节是哪一天？

这种形式的提示词并不复杂，只要把问题描述清楚就会得到精准答案。但是，ChatGPT 毕竟只是一个大语言模型，它能给出的答案仅限于它的知识库，超纲的问题它是无法给出答案的。比如这样问：

 中国一共有多少 IT 从业者？

ChatGPT 的回答是这样的：

由于我的知识截止于 2021 年 9 月，我无法提供准确的当前数据。截至 2021 年，中国的 IT 从业者数量没有一个精确的统计数字。中国的 IT 行业在过去几年里持续快速发展，从业者数量也在不断增长。要获取准确的数据，建议查阅最新的统计数据或相关报告。请注意，这些数据可能因来源、统计方法和定义的差异而有所不同。

可见 ChatGPT 的数据库也是有时效的，超过时效的知识它并不能给出精准答案。

1.4.2　陈述

ChatGPT 这个大语言模型之所以给大家很厉害的感觉，是因为我们给它的提示词哪怕只是一个非常简单的陈述，它也能揣摩出其中的意思。

陈述提示词的特点，就是描述一些事实、现象、规律或者表述某个观点，下面是几个陈述提示词示例：

> 太阳从东方升起。
>
> 今天是星期一。
>
> 今天是晴天。
>
> 这部小说非常有趣。
>
> 小明的爱好是踢足球。

在 ChatGPT 看来，陈述类提示词是在表达一种事实或者现象，它会针对此观点加以说明或者解释。对于一些规律性的陈述（如，太阳从东方升起，见图 1-5），它虽然会给出这种现象产生的原因，但并不会大篇幅解释。这是因为我们给出的提示词是陈述，而不是提问。

J 太阳为何从东方升起呢？

🟢 太阳从东方升起的原因与地球的自转和公转有关。

地球自转是指地球围绕自己的轴心旋转一周的运动。地球的自转方向是从西向东，也就是逆时针方向。这意味着当一个观察者位于地球上的某一点时，观察者会感觉到天空中的星星、月亮和太阳都是从东方向西方移动。

另一方面，地球公转是指地球绕太阳运行的椭圆轨道运动。地球绕太阳的公转方向是顺时针方向。一年有365天，地球绕太阳公转一周所需的时间就是一年的长度。

由于地球自转和公转的相互作用，我们在地球上观测到的太阳的运动是从东向西。每天早晨，当地球自转使得观察者的位置转向太阳所在的方向时，我们就能看到太阳从地平线上升起，也就是东方。这个过程每天都会重复，所以我们看到太阳每天都从东方升起。

需要注意的是，太阳从东方升起的现象是由地球的运动产生的，实际上是地球自转使得我们在不同的时间观测到太阳在不同的位置。太阳自身并没有实际的移动，它是固定在太阳系的中心，而地球和其他行星则围绕太阳运动。

图 1-5　陈述类提示词

1.4.3　角色

在科幻电影里，我们经常会看到这样的场景：主角身边一直有一个机器人陪伴，这个机器人可以是保姆、保镖、玩伴，抑或是其他。而 ChatGPT 何尝不是这样一个角色呢？只不过目前阶段 ChatGPT 仅支持文字交互，相信用不了多久，它就会支持语音、图像交互了，那时候的 ChatGPT 的想象空间可就太大了。其实当下 ChatGPT 功能已经很强大，我目前已经完全把 ChatGPT 作为我的工作小助理啦，我有时用它做翻译，有时用它帮我解答学生的问题，有时也会让它帮我做表格，等等。总之你可以给它设定一百个职业，这样它就有了一百个角色。

先看一个例子，如图 1-6 所示。

你现在是一名翻译，将我输入的中文翻译成英文

Sure, I can help you with that. Please provide me with the Chinese text you would like me translate into English.

明天是周末，我计划带着我的家人去附近公园郊游。

Tomorrow is the weekend, and I plan to take my family to a nearby park for an outing.

图 1-6　翻译官

角色扮演的提示词关键点在于限定的角色是什么，以及要求它做什么。再来看一个面试官的示例，如图 1-7 所示。

你现在是一名面试官，接下来你将问我Linux运维这个职位的面试题，我希望你不要一次性写完所有的问题，你要一个一个问我，等我回答。我的第一个句话是"面试官你好"

你好，欢迎来面试！我将问你一些关于Linux运维的问题。首先，我想知道你对Linux操作系统的熟悉程度如何？你在使用Linux方面有多少经验？

好的，我有16年的运维经验，在Linux系统、集群、调优以及k8s、Devops方面有着丰富的经验。目前我是公司运维部门负责人

很好，你的经验听起来非常丰富。接下来，我想了解一下你在日常工作中使用的主要Linux发行版是哪个？你对这个发行版有哪些了解和经验？

图 1-7　面试官

对于角色类的提示词，有固定格式："你现在是……，我需要你做……，你必须……"首先约定好角色，然后提出它要做的事情以及具体的要求，这个要求需要根据实际情况来定，例如在上例中我们要求它不要一次性写完所有问题，而是一个一个问。当然，我们甚至可以角色互换，我们来充当面试官，让 ChatGPT 来作为面试者。

1.4.4　模仿

ChatGPT 有一个非常棒的功能，就是我们可以让它模仿提供的数据从而生成类似的。比如，我们可以让它模仿一首唐诗来写一首新的诗，让它模仿李白的《静夜思》来创造新的诗，如图 1-8 所示。

> **j**　请模仿李白的《静夜思》创作一首新的唐诗，要求押韵，只需要写4句即可
>
> 明月高悬夜色深，
> 寂寞之中思绪寻。
> 思君如海情难尽，
> 忍将离别化愁心。
>
> **j**　诗的名字呢？
>
> 《思君夜思》

图 1-8　模仿写诗

这种用法的关键在于要给它提供被模仿的数据。上例中，我们提供的是诗名，ChatGPT 可以自己去查阅。但如果它自己的数据库里没有该唐诗记录，就得我们给它提供了。

再看图 1-9 所示的示例。

虽然有点生硬，但确实模仿得很像。

《思君夜思》

请模仿下面的歌词写一首类似的歌，要求风格一样，字数长短一样，提供歌名。
歌名：两只老虎
歌词：
两只老虎，两只老虎，
跑得快，跑得快，
一只没有耳朵，一只没有尾巴，
真奇怪！真奇怪！

歌名：两颗心

歌词：
两颗心，两颗心，
靠得近，靠得近，
一颗柔情似水，一颗炽热如焰，
真动听！真动听！

图 1-9　模仿写歌

1.4.5　推理

ChatGPT 智商很高，据说可以超越 99.9% 以上的人类。图 1-10 所示这个推理题很简单，不过 ChatGPT 这个推理过程貌似复杂了，但至少让我们看到了它的推理能力并不亚于人类。

公交车上原有22人，下去了一些人，又上来一些人，下去的人比上来的人少5人，公交车上现在有多少人？请做出推理过程

假设下去的人数为X人，上来的人数为Y人。根据题意，下去的人比上来的人少5人，可以表示为X = Y - 5。

题目中提到公交车原有22人，下去了一些人，所以现在公交车上的人数为22 - X。同时，又上来了一些人，所以公交车上的人数为22 - X + Y。

将X = Y - 5代入上述公式，可以得到公交车上现在的人数为22 - (Y - 5) + Y = 22 - Y + 5 + Y = 27。

所以公交车上现有有27人。

图 1-10　推理有多少人

我们也可以在一开始就把推理的思路告诉 ChatGPT，如图 1-11 所示这个例子。

老黄以每小时5公里的速度骑行，半小时后，小白以每小时10公里的速度骑行去追赶老黄，请问多久之后小白可以追赶上老黄？只需要计算出老黄和小白的速度差和目前的差距就能算出多久能追上了。

老黄以每小时5公里的速度骑行，半小时后，他已经骑行了5 * 0.5 = 2.5公里。此时，小白开始以每小时10公里的速度追赶老黄。

目前，小白与老黄的距离是2.5公里，而小白每小时比老黄快5公里（10公里/小时 - 5公里/小时 = 5公里/小时）。

因此，小白追上老黄所需的时间可以通过将距离除以速度差来计算：

时间 = 距离 / 速度差 = 2.5公里 / 5公里/小时 = 0.5小时

所以，小白需要0.5小时（即30分钟）才能追赶上老黄。

图 1-11　给出推理思路

可以看到此时 ChatGTP 给出的推理过程和之前完全不一样了。

1.4.6　示例

ChatGPT 可以根据我们的示例来推测，俗称"照葫芦画瓢"，需要我们在提示词里给ChatGPT 具体的例子，它会去模仿。先看一个单样本示例，如图 1-12 所示。

问题：光合作用是什么？

光合作用是植物、藻类和一些细菌等光合生物利用光能转化为化学能的过程。在光合作用中，光能被吸收并转化为化学能，用于合成有机物质，如葡萄糖。光合作用主要发生在植物的叶绿体中，其中的叶绿素是关键的光能吸收分子。

光合作用的化学方程式可以表示为：

$6CO_2 + 6H_2O + 光能 \rightarrow C_6H_{12}O_6 + 6O_2$

这个方程式描述了光合作用过程中二氧化碳和水被光能驱动转化为葡萄糖和氧气。光合作用是地球上维持生命的关键过程之一，通过产生氧气和有机物质，为生态系统提供能量和营养物质。

图 1-12　单样本示例

在提示词里，假如我们已经规定好了格式，第一行是"问题：……"，第二行是"答案：……"，然后第三行是"问题：……"，它自然会推测第四行是"答案：……"。另外，还可以有多样本示例，此时就会增加复杂度，如图 1-13 所示。

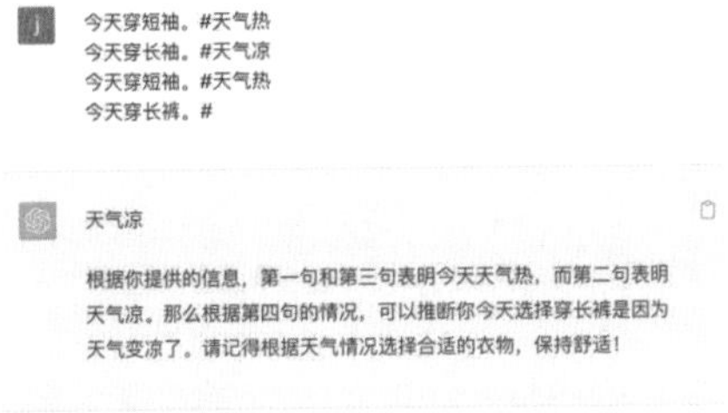

图 1-13　多样本示例

可以看出，ChatGPT 的思维跟人类一般无二，对于更加复杂的场景，只要给 ChatGPT 足够的示例，它一定可以给出正确的推测结果。

1.4.7　分析

这种形式的提示词很容易理解，相当于把 ChatGPT 当作了我们的"军师"，可以让它分析一个趋势，比如"分析当前阶段学 IT 有没有前途"，示例如图 1-14 所示。

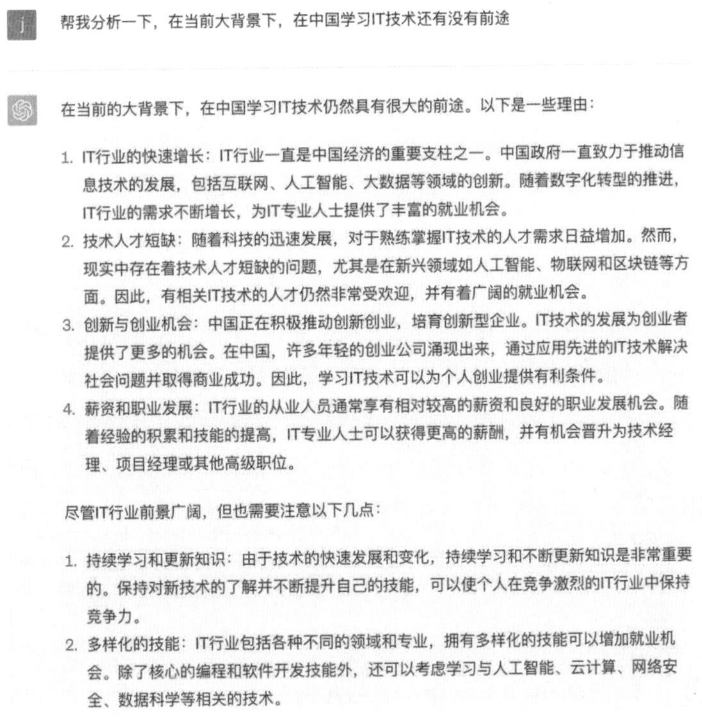

图 1-14　分析趋势

当然，也可以让它分析一段文字或者某篇文章，示例如图 1-15 所示。

> **j**　帮我分析一下鲁迅的《阿Q正传》里的阿Q的性格特点，以及他代表哪群人？

> 《阿Q正传》是中国现代作家鲁迅的一部小说，通过描写主人公阿Q的形象，展现了中国旧社会的底层人物形态和社会现象。以下是阿Q的性格特点以及他代表的群体：
>
> 1. 自卑与嘲讽：阿Q内心深处自卑感很强，他在社会地位和经济条件上都处于弱势。为了摆脱自卑感，他常常用嘲讽和讽刺来掩饰自己的不幸和挫折，通过嘲笑他人来提升自己的虚幻优越感。
> 2. 自傲与虚荣：尽管阿Q在社会地位上处于劣势，但他内心对自己的价值有着极高的评价，自视甚高。他容易被外界的表面光鲜和一时的得意冲昏头脑，对自己产生虚幻的自豪感，这种虚荣心使他显得盲目自信和不切实际。
> 3. 逃避现实：面对现实的挫折和压迫，阿Q常常选择逃避，通过自欺欺人的方式来缓解自己的心理压力。他通过幻想、嘲笑他人、自吹自擂等手段来逃避现实的残酷，虽然暂时让自己感到快乐，但并没有解决问题。
> 4. 缺乏自我反省和成长：阿Q缺乏对自己行为的深入反思和对社会现实的洞察，他对待生活中的失败和挫折缺乏认真思考和积极改进的态度。他的思维方式局限于表面，缺乏对内心深处的自我认知和成长。
>
> 阿Q代表了那个时代底层社会的农民和小民，以及他们面对现实困境时的心态和行为方式。他的形象具有普遍性，象征了一种贫困、无力改变现实的社会阶层，在现实的艰难和压迫下，他们常常选择通过幻想和嘲讽来寻求心理上的安慰和短暂的满足感，但缺乏真正的行动和改变。阿Q的形象在文学作品中成为了一个典型的形象，反映了当时社会的某种普遍现象。

图 1-15　分析文章

该类型的提示词，有一个很明显的特征，就是一定加上"分析"两个字，这样 ChatGPT 就会坚定不移地去执行我们的指令——"分析"。

1.4.8　做总结

也有人把它叫作"汇总"，目的就是让 ChatGPT 做一个总结。比如我们可以让它将一段长长的话汇总成一句简单的话，也可以让它对一篇很长的文章或一本书做总结（写文章摘要），有时也可以对一场会议做总结（做会议纪要），等等。先来看图 1-16 所示的简单示例。

> **j**　将下面这段话，做一个简单总结，要求20字以内。在这个美丽的阳光明媚的清晨，小李老师享受难得的宁静与休憩。在宁静的家中，他终于有时间放松自己的肩膀，享受片刻安宁。他可以任意舒展自己的身体，抚摸一本心爱的图书，或者仅仅欣赏窗口的美景。这个稀有的休息日为小李老师提供了机会，让他放下教师的身份，成为一个平凡的人，享受平凡的时光。

> 小李老师享受美丽的清晨，放松身心，享受平凡的时光。

图 1-16　总结长句子

再来看一个对影视剧总结的示例，由于篇幅原因，图片不方便展示，所以下面以文字形式展现。

我给出的提示词是：

请对电视剧《西游记》做一个简短总结说明，要求字数不超过 100 字。

而 ChatGPT 给出的回答是：

《西游记》是中国古代文学中著名的神魔奇幻小说，也是中国电视剧中的经典之作。剧中讲述了孙悟空、猪八戒、沙僧和唐僧师徒四人历经九九八十一难，踏上西天取经的冒险旅程。他们与各路妖魔鬼怪斗智斗勇，解救民间百姓，克服各种困难和考验。故事情节紧凑，充满了幽默、惊险和感人的情节，同时也蕴含了深刻的人生哲理。该剧成功地展现了师徒情深、忠诚友爱和助人为乐的主题，深受观众喜爱。

1.4.9　创作

所谓创作就是从无到有，ChatGPT 的魅力之一就在于它的这个创作能力。比如创作小说、创作歌曲、创作诗词、编程写代码、写营销文案等等。这种形式的提示词用得非常广泛，下面给大家汇总几个应用场景。

1. 写文案

如果你是一家公司的运营，那么你在工作中肯定少不了写营销文案。写文案并不是一件轻松的事情，因为好的文案必须要足够吸引人，从而产生巨大的经济效益，下面我们来看看ChatGPT 写文案的能力吧。

我们的提示词是：

我最近录制了一套学习 K8S 技能的课程，请为我的这套课程写一篇不少于 300 字的营销文案。核心关键字：通俗易懂，实战为主，内容新颖，常用技能。

ChatGPT 的回答是：

通俗易懂，实战为主，内容新颖，常用技能——K8S 技能全攻略课程

在云计算、容器化、微服务等技术潮流推动下，Kubernetes（简称 K8S）已成为业界主流的容器编排平台。为了帮助大家更好地掌握这一重要技能，我们倾力推出了这套"K8S 技能全攻略"课程，它将带你深入浅出地学习 K8S 技术，让你轻松成为行业翘楚！

让你在实际工作中游刃有余。

无论你是 K8S 初学者，还是想进一步提高技能水平的工程师，"K8S 技能全攻略"课程都能为你提供强大的支持。快来加入我们，让通俗易懂、实战为主的学习体验带你迈向 K8S 技能的巅峰！

此外，我们还提供了详尽的课程资料和优质的售后支持，让你在学习过程中充满信心。我们的讲师团队拥有丰富的 K8S 实战经验，随时为你解答问题，陪伴你成长。

加入"K8S 技能全攻略"课程，不仅能让你掌握 K8S 核心技能，还有机会结识志同道合的同学，共同进步，共同成长。我们的课程将助你在 IT 行业脱颖而出，实现职业生涯的飞跃！

现在报名"K8S 技能全攻略"课程，你将享受到超值的优惠政策，名额有限，赶快抓住这个难得的机会，一起迈向 K8S 技能的新境界吧！

千里之行，始于足下。K8S 技能全攻略课程将是你通向技术成就的启航之舟，让我们携手共进，创造更美好的未来！

2. 写小说

小说毕竟内容很长，我们不可能让 ChatGPT 一下子写一篇几万字的小说出来，但我们可以先让它给出故事大纲，然后围绕每一个大纲再去生成二级大纲、三级大纲，再根据大纲去编写详细的故事情节。

我们的提示词是这样的：

 我要你写一部玄幻题材的小说，主人公杨吴迪是一名程序员，他的收入很低，经常被同事排挤，但有一天他获得了超能力，故事由此展开。

ChatGPT 给出的回答：

《编程奇才：杨吴迪的异界之旅》

第一章：奇遇

杨吴迪，一个平凡的程序员，每天埋头苦干，却鲜有人知。他的收入微薄，同事们时常嘲讽他，让他倍感压力。这天，加班到深夜的杨吴迪独自一人在公司楼下等待着末班公交车，但不知为何，那辆公交车迟迟不来。

时间一分一秒地流逝，周围的街道越发显得荒凉。正当杨吴迪忍不住拿起手机查看公交时刻表时，忽然一道闪电划破了夜空，紧接着一阵剧烈的爆炸声响起。恍若梦境般，他发现自己被带到了一个完全陌生的世界。

第二章：超能力觉醒

这个世界充满了神秘与奇幻，不知名的异兽横行，魔法能量弥漫在空气中。惊愕之余，杨吴迪意外地发现自己获得了一种神奇的力量：他能够通过编程控制这个世界的法则。

他的超能力源于一个来自神秘力量的神秘项链，他在传送过程中无意中捡到了这个项链。正是这个项链赋予了他强大的力量，让他的生活从此发生了翻天覆地的变化。

第三章：锻炼与成长

为了在这个陌生的世界生存下去，杨吴迪开始了艰苦的修炼。他运用编程的思维，逐渐掌握了控制法则的方法，从而学会了各种强大的魔法。

在这个过程中，他结识了很多志同道合的朋友，共同克服了一个又一个困难。他们组成了一个冒险小队，为了寻找通往现实世界的路，踏上了一段充满奇遇的旅程。

由于内容过长，所以只截取了部分内容，整体看起来，ChatGPT 的表现还不错。

3. 写代码

对于程序员来讲，写代码是他们每天都要做的事情，这就和工地上的工人每天都要搬砖、砌墙一样。试想一下，如果每天都要做同样的事情你烦不烦呢？即使不烦，肯定也没意思对吧。还好，我们有 ChatGPT，平时一些简单的、例行的编程工作完全可以交给它来完成。那么，如何让 ChatGPT 来写代码呢？请看如下示例。

我们的提示词：

 你现在是一名 Shell 脚本工程师，请帮我将下面的过程用 Shell 脚本实现。我的系统是 CentOS 7.9，我需要下载一个 Nginx 1.23.0 的源码包，然后对其进行编译，最终将 Nginx 安装到 /opt/nginx 目录下，编译时需要支持 https 的功能。

ChatGPT 的回答：

根据你的需求，你可以按照以下步骤来创建一个 Shell 脚本来完成这个任务。首先，创建一个名为 install_nginx.sh 的文件，然后将以下内容复制粘贴到该文件中。

```
#!/bin/bash

# 安装依赖库
```

```
sudo yum install -y gcc gcc-c++ make zlib zlib-devel pcre pcre-devel
openssl openssl-devel

# 下载 Nginx 源码包
wget http://nginx.org/download/nginx-1.23.0.tar.gz

# 解压源码包
tar -zxf nginx-1.23.0.tar.gz

# 进入解压后的目录
cd nginx-1.23.0

# 配置编译参数
./configure --prefix=/opt/nginx --with-http_ssl_module

# 编译安装
make && sudo make install

# 创建符号链接
sudo ln -s /opt/nginx/sbin/nginx /usr/local/bin/nginx

# 清理下载的源码包和解压后的目录
cd ..
rm -rf nginx-1.23.0*
```

保存文件后，为脚本添加可执行权限：

```
chmod +x install_nginx.sh
```

最后，以 root 权限运行脚本以开始安装过程：

```
sudo ./install_nginx.sh
```

此脚本将按照你的要求下载、编译和安装 Nginx 1.23.0，并将其安装到 /opt/nginx 目录下。同时，通过 --with-http_ssl_module 参数启用了 HTTPS 支持。

　　作为一名专业的 Shell 脚本工程师，我对 ChatGPT 给出的答案整体上还是满意的，虽然它在细节处理上还差点意思，但如果 100 分满分的话，它至少可以得到 85 分，这绝对合格了！

4. 做简历

提示词：

> 帮我生成一份求职简历，姓名：张三，性别：男，年龄：28，学历：硕士，大学：中国人民大学，专业：软件工程，上一份工作经历：2020.04-2023.05.10，北京易达旦科技有限公司，担任软件工程师。其他信息请自动为我生成。

ChatGPT 会自动生成一份格式规范的简历（限于篇幅，我们这里不截图，读者可以自行查看）我们只要把生成的简历中的一些技术细节、项目细节改成你自己的就能直接用啦。

创作是 ChatGPT 的强项，也是我们使用它提升工作和学习效率的根本，还有太多实用的应用场景就不一一列举啦。

1.4.10　举例

在和人沟通时，为了让对方更容易理解我们要表达的意思，通常我们会举一个通俗易懂的例子，让对方去联想，这通常会起到立竿见影的效果。那么如果让 ChatGPT 来做这件事情呢？请看图 1-17 所示的提示词示例。

请举例说明，3+2=5

当我们将数字3与数字2相加时，它们的和是5。

图 1-17　数字相加

该形式的提示词非常简单，核心关键词："举例""示例""例子"，只要加上它们就可以轻松让 ChatGPT 给出具体的示例啦，当然我们还可以增加一些必要的修饰。比如，我们限定它举例的方向，如图 1-18 所示。

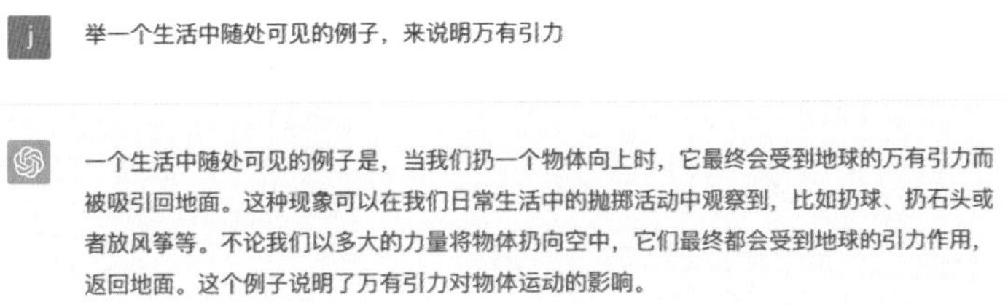

举一个生活中随处可见的例子，来说明万有引力

一个生活中随处可见的例子是，当我们扔一个物体向上时，它最终会受到地球的万有引力而被吸引回地面。这种现象可以在我们日常生活中的抛掷活动中观察到，比如扔球、扔石头或者放风筝等。不论我们以多大的力量将物体扔向空中，它们最终都会受到地球的引力作用，返回地面。这个例子说明了万有引力对物体运动的影响。

图 1-18　万有引力

如果你是一名老师，在讲解每个难懂的知识点时举一两个小例子，学生听起来一定会轻松很多！这类小例子，你完全可以借助 ChatGPT 来储备。

1.4.11 鉴错

1. 代码排错

我是一名 IT 从业者，在工作中经常会写一些程序代码，在编写过程中难免因为自己的疏忽或者逻辑错误导致一些问题产生。而程序的排错并不是一件轻松的事情，所以我借助 ChatGPT 来提升我的效率。

提示词如图 1-19 所示，我首先说明了我的意图是让它找错，紧接着就给出了包含错误的代码。

```
请找出如下代码的错误
package main
import "fmt"
func somenumber() int {
  return -7
}

func main() {
  if num := somenumber(); num < 0 {
    fmt.Println(num, "is negative")
  else if num < 10 (
    fmt.Println(num, "has 1 digit")
  } else {
    fmt,Println(num, "has multiple digits")
  }
  fmt.Println(num)
}
```

图 1-19 错误代码

ChatGPT 会自动判断我的代码是用 GO 语言写的，很快就找到了错误点，并给出了修改后的代码，如图 1-20 所示。

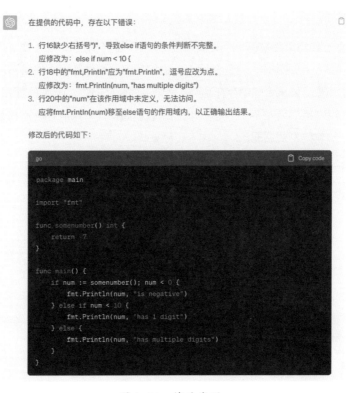

图 1-20　修改代码

2. 学科排错

当然，ChatGPT 除了对代码排错外，它还可以对任何学科进行排错，比如英语语法、数学公式、化学公式、物理定律等。图 1-21 所示是一个对数学题排错的示例。

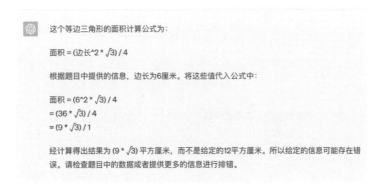

图 1-21　数学题排错

3. 查找合同漏洞

你是否知道一家公司会设有一个关键职位：法务。这个角色非常重要，主要负责法律咨询和法律风险评估、合规管理、合同管理、诉讼和争议的事件处理。法务日常最多的工作我想应该是合同的审查，如果合同中存在漏洞，轻则造成财产损失，重则面临法律制裁。所以，法务必须要严格审核合同是否存在问题。我们来看看如何让 ChatGPT 审核合同吧。由于篇幅原因，我们以文字的形式展现。

我们的提示词：

你站在甲方的立场，来审查一下这份合同是否存在漏洞。

协议书之劳动合同协议

甲方：

乙方：

甲乙双方根据《中华人民共和国劳动合同法》及国家有关规定，在平等自愿、协商一致的基础上，同意订立本合同，并共同遵守合同所列条款。

一、劳动合同期限

（一）固定期限。从 年 月 日起至 年 月 日止。其中包括试用期 个月，从 年 月 日起至 年 月 日止。

（二）无固定期限。从 年 月 日起至法定终止条件出现止。其中试用期 个月，从 年 月 日起至 年 月 日止。

（三）以完成一定的工作任务为期限。从 年 月 日起至 年 月 日止。

二、工作内容和工作地点

（一）甲方安排乙方在 工作地点从事 工作（岗位）。

（二）甲方可以根据工作需要及乙方工作能力和表现调整乙方的工作岗位，乙方无正当理由应服从变更。

（三）乙方同意按照甲方确定的岗位责任，按时、按量完成工作任务。

三、工作时间和休息休假

（一）甲方执行国家规定的工时制度，并可按照有关规定根据不同工作岗位需要对乙方具体工作时间作出规定和调整。乙方应按甲方规定的工作时间执行。

（二）鉴于甲方行业的特殊性，甲方可以根据工作需要，对乙方的工作时间、工作班次、休息日进行调整，乙方愿意服从甲方安排。

四、劳动报酬

（一）乙方在试用期间的工资为元 / 月。试用期满后，甲方以下列第　种计算方式支付乙方工资：

1. 计时工资。工资为 元 / 月。

2. 计件工资。甲方应制定科学合理的劳动定额标准，双方及时协商约定计件单价。

3. 其他形式。

甲方应以法定货币形式按月支付乙方工资，支付日期为每月的 日。乙方月工资不得低于省政府公布的最低工资标准。加班加点工资按法律法规执行。

（二）甲方可根据其实际经营情况、规章制度、对乙方考核情况，以及乙方工作年限、奖罚记录、岗位变化等，调整乙方的工资水平。乙方工作岗位调整后，其工资参照同岗位、同工种、同职务的标准执行。但不低于当地最低工资标准。

五、社会保险

甲乙双方均须依法参加社会保险，缴纳社会保险费，社会保险费个人缴纳部分，甲方可从乙方工资中代扣代缴。

甲乙双方解除、终止劳动合同时，甲方应按有关规定为乙方办理职工档案和社会保险转移等相关手续，出具解除或者终止劳动合同证明书，乙方应及时办理工作交接手续。

六、劳动保护、劳动条件和职业危害防护

（一）甲方按国家和地方政府有关规定，为乙方提供符合国家规定的劳动保护设施和劳动条件，保障乙方在工作中的安全和健康。

（二）甲方按国家有关规定对乙方进行有关劳动安全知识、规章制度、业务操作规程及技能等培训；乙方应参加上述培训并严格遵守与其岗位有关的劳动安全规定和操作规程。

（三）对乙方从事接触职业病危害作业的，甲方应告知乙方并按国家有关规定组织上岗前和离岗时的职业健康检查，在合同期内应定期对乙方进行职业健康检查。

七、双方约定的事项

（一）甲方出资，为乙方提供法定以外培训的约定：

（二）保守商业秘密的约定：

（三）补充保险和福利待遇的约定：

（四）其他事项的约定：

八、劳动合同的变更

甲乙双方协商一致，可以变更劳动合同。变更劳动合同，应当采取书面形式记载变更内容，注明变更日期，由双方当事人签字、盖章后成立。变更劳动合同，应订立《劳动合同变更书》，也可就有关内容协商签订专项协议。专项协议作为劳动合同的附件，具有与劳动合同同等的约束力。

九、甲乙双方劳动合同的解除、终止、续订按国家及省、市有关规定执行。

十、劳动争议处理

若发生劳动争议，可以协商解决。不愿协商或者协商不成的，可以向本单位劳动争议调解委员会申请调解；调解不成的，可以自争议发生之日起在法定时效内向当地劳动争议仲裁委员会提出书面申请。不服仲裁裁决的，自收到裁决书之日起 15 天内可向当地人民法院提出诉讼。

十一、本合同没有订明的事项，按有关规定执行或双方协商解决，本合同订明的事项如与新法律、法规有抵触的，按新法律、法规执行。

十二、本合同一式两份，甲乙双方各执一份。

ChatGPT 的回答：

首先，我需要明确的是，我不是一位律师，因此我无法提供法律咨询或者法律意见。但我可以根据我所学习的知识，从一般的角度来审查这份合同。以下是我的几点建议：

1. 在"劳动合同期限"一节中，提到了三种合同类型，分别为固定期限、无固定期限以及以完成一定的工作任务为期限。在一份合同中，通常只会选择一种类型，而不是同时列出这三种。在签订时，需要明确选择并填写合同的有效期。

2. 在"工作内容和工作地点"一节中，需要明确说明乙方的工作岗位和工作地点。此外，甲方可以根据工作需要调整乙方的工作岗位，但应明确规定调整的范围和条件，以防止滥用此条款。

3. 在"劳动报酬"一节中，需要明确说明乙方的工资计算方式，并在合同中填写具体的金额。此外，应明确规定乙方的工资不能低于当地的最低工资标准。

4. 在"社会保险"一节中，虽然提到了双方都需要按照法律规定参加社会保险并支付社会保险费，但并未明确规定社会保险的具体类型和金额，建议明确这一部分。

5. 在"双方约定的事项"一节中，应详细列出甲方为乙方提供的培训、商业秘密的具体内容、补充保险和福利待遇及其他约定的事项。

6. 在"劳动争议处理"一节中，规定了在发生劳动争议时的处理方式，这部分看起来比较清晰和详细。

首先，ChatGTP 会给出一个提醒，它毕竟不是专业的律师，它给出的答案也许并不符合我们现有的法律法规，但还是有很大参考意义的。我相信，它完全可以提升"法务"的工作效率。

1.4.12　修改

在"代码排错"部分，ChatGTP 把错误的代码修改成正确的，这个能力其实就是我们所谓的"修改"。修改不仅限于程序代码，还可以让它修改各行业所涉及的知识文本，如合同、考题、故事情节、诗词、音乐、文案、论文等。先来看图 1-22 所示的一个简单小案例。

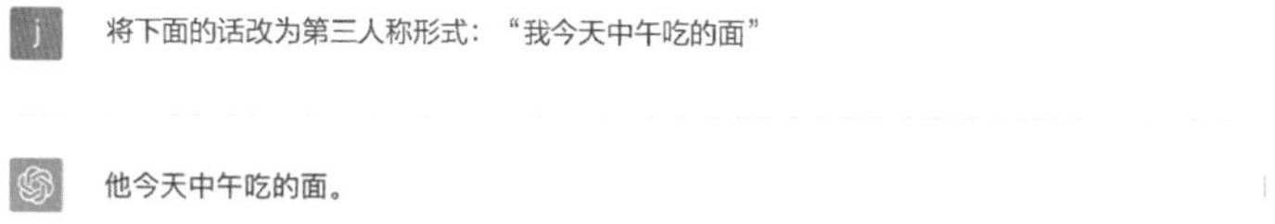

将下面的话改为第三人称形式："我今天中午吃的面"

他今天中午吃的面。

图 1-22　改人称

对于此形式的提示词，我们的意图是要修改，所以提示词里一定要包含"修改""改为"这类字眼，然后就是给它提要求，你的要求说得越清晰，最终的答案就越精准。大多数时候，我们还需要进行第二轮、第三轮甚至更多轮的迭代才能最终达到目的。先来看图 1-23 所示的示例。

请把宋代诗人杨万里的《小池》，修改为以"秋天"为主题的古诗，要给出新的诗名。

《秋韵》

碧池凝秋影，
落叶舞纷飞。
枫林如火燃，
秋风吹过衣。

菊花绽金黄，
香气扑鼻来。
寒露洒清晨，
秋天妙不可胜赛。

秋虫鸣声起，
田野丰收时。
稻禾金满仓，
秋景满目欣喜。

世间盛景变，
唯秋永恒存。
万物皆归寂，
秋天自在韵。

图 1-23　修改诗词

第一次它给出的答案并不尽如人意，所以我再一次给它提了要求（见图1-24）。

这个答案我不满意，《小池》只有4句，所以请只提供4句。另外，诗的名字也要改一改，没有韵味。

《秋塘》

水面秋风起微波，
红叶飘零满池塘。
寒鸦啼叫凉意生，
菊花盛放庭院香。

图 1-24　提第二轮要求

这次好像差不多了，当然作为一首诗应该需要第二句和第四句押韵，所以如果你想追求完美，还可以继续让它修改，直到满意为止。但是要注意的是，修改过程中如果你想效率高一些，那么给它的要求就要表达到位！

1.5　提示词技巧

经过前面的学习，我们对 ChantGPT 的提示词越来越熟悉了，使用起来也越来越熟练了。其实，好的提示词核心只有一点：让 ChatGPT 更清晰地知道我们的意图是什么。在这里，我们总结了一个使用提示词的技巧，有这些技巧加持必定会让你的提示词更加优秀！

1.5.1　增加要求

先说一个现实生活中的案例，有一天老板让司机小王去买一盒烟，但老板并没有说买啥烟，那么小王会买什么烟呢？我相信小王会问老板具体要求，如果老板一直在和客户开会，没有时间搭理小王，那么小王大概率会买之前老板抽过的烟，毕竟小王经常和老板在一起，他知道老板喜欢抽什么烟。

再来说这个 ChatGPT 提示词，我们可以把 ChatGPT 当作小王，而我们就是老板。如果我们的提示词里没有十分明确的要求，那么 ChatGPT 只能通过我们之前给它的信息来揣测我们的意图，这最终导致 ChatGPT 给出的答案很有可能不符合预期。所以这个要求就尤为重要了，那到底要增加什么样的要求呢？比如，老板告诉小王要什么品牌的烟以及什么价位的烟，这就是要求。当然，老板同样也可以让小王自己抉择，只要告诉小王他不喜欢哪些品牌或者不高于多少钱都可以，这同样也是要求。其实，可以把要求归类为两大类，一类是"肯定要求"，即"需要……"；另一类是"否定要求"，即"不要……"。说到这里，你对提示词"增加要求"这个技巧是否明白了呢？如果还没明白，那就看图 1-25 所示的案例吧。

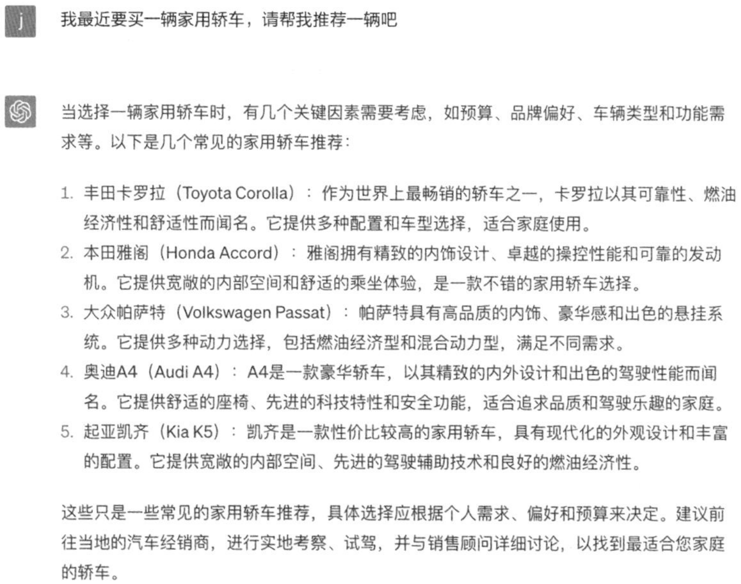

> 我最近要买一辆家用轿车，请帮我推荐一辆吧

> 当选择一辆家用轿车时，有几个关键因素需要考虑，如预算、品牌偏好、车辆类型和功能需求等。以下是几个常见的家用轿车推荐：
>
> 1. 丰田卡罗拉（Toyota Corolla）：作为世界上最畅销的轿车之一，卡罗拉以其可靠性、燃油经济性和舒适性而闻名。它提供多种配置和车型选择，适合家庭使用。
> 2. 本田雅阁（Honda Accord）：雅阁拥有精致的内饰设计、卓越的操控性能和可靠的发动机。它提供宽敞的内部空间和舒适的乘坐体验，是一款不错的家用轿车选择。
> 3. 大众帕萨特（Volkswagen Passat）：帕萨特具有高品质的内饰、豪华感和出色的悬挂系统。它提供多种动力选择，包括燃油经济型和混合动力型，满足不同需求。
> 4. 奥迪A4（Audi A4）：A4是一款豪华轿车，以其精致的内外设计和出色的驾驶性能而闻名。它提供舒适的座椅、先进的科技特性和安全功能，适合追求品质和驾驶乐趣的家庭。
> 5. 起亚凯齐（Kia K5）：凯齐是一款性价比较高的家用轿车，具有现代化的外观设计和丰富的配置。它提供宽敞的内部空间、先进的驾驶辅助技术和良好的燃油经济性。
>
> 这些只是一些常见的家用轿车推荐，具体选择应根据个人需求、偏好和预算来决定。建议前往当地的汽车经销商，进行实地考察、试驾，并与销售顾问详细讨论，以找到最适合您家庭的轿车。

图 1-25　推荐汽车

看到了吧，如果你不增加明确的要求，ChatGPT 无法给出答案，并且它会提示我们增加要求。我们把提示词改造一下如图 1-26 所示。

最近我想买一辆家用轿车，我的预算是20万人民币，要适合自驾游，中国品牌，安全性要求高，请帮我推荐一辆吧

根据您的预算、自驾游需求和对安全性的要求，以下是一款适合的中国品牌家用轿车推荐：

吉利博瑞（Geely Borui）

吉利博瑞是吉利汽车旗下的中型家用轿车，具备良好的性价比和安全性能。它配备了丰富的安全科技，包括主动刹车辅助、自适应巡航控制、车道偏离警示和盲点监测等功能，提供了全方位的安全保护。

博瑞的内部空间宽敞舒适，适合长途自驾游。它提供多种动力选择，包括汽油发动机和插电式混合动力系统，可根据您的需求和偏好选择合适的动力配置。博瑞还具备良好的悬挂系统和舒适的乘坐感受，为长途旅行提供舒适的驾驶体验。

考虑到您的预算为20万人民币，吉利博瑞是一款性价比较高的选择，同时满足您对自驾游和安全性的要求。建议您前往吉利汽车的经销商进行实地考察、试驾，并与销售顾问进一步了解更多关于吉利博瑞的详细信息。

图 1-26 增加"肯定要求"

在这里我们明确了预算级别、适合自驾、中国品牌以及安全性要求高，它最终给出了一款汽车。同样，我们也可以将提示词改为另外一种"否定词"要求，如图 1-27 所示。

我最近想买一辆家用轿车，我的预算不超过20万元，不要日本或者美国品牌，请帮我推荐一辆吧

如果您的预算不超过20万元，并且排除了日本和美国品牌，以下是几款来自其他国家的家用轿车，供您考虑：

1. 欧洲：大众（Volkswagen）和斯堪尼亚（Skoda）是德国汽车制造商，它们生产多种款式的家用轿车，符合您的预算要求。您可以考虑大众高尔夫（Volkswagen Golf）或斯堪尼亚速派（Skoda Rapid）等车型。
2. 韩国：现代（Hyundai）和起亚（Kia）是韩国的汽车制造商，它们提供多款性价比较高的家用轿车。您可以考虑现代伊兰特（Hyundai Elantra）或起亚福瑞迪（Kia Forte）等车型。
3. 德国：奥迪（Audi）是德国的豪华汽车制造商，虽然价格稍高，但有一些入门级车型适合您的预算，例如奥迪A3（Audi A3）或奥迪A1（Audi A1）。
4. 瑞典：沃尔沃（Volvo）是瑞典的汽车制造商，他们以安全性和豪华感而闻名。您可以考虑沃尔沃S60或沃尔沃S40等车型。

请注意，车辆价格可能因地区和配置而有所不同，建议在购买前咨询当地经销商以获取准确的定价和可用车型信息。

图 1-27 增加"否定要求"

对比来看，"肯定要求"主要决策权在我们这边，而"否定要求"主要决策权在ChatGPT 那边。

1.5.2　明确指标

这一点可以理解成 1.5.1"增加要求"的一个子集。所谓指标，就是具体的标准，比如限定具体数量（1 个示例、2000 个字、5 页等），再比如限定日期和时间（5 月 10 日、1 小时内、17:00 前等）。

下面就是一些带有明确指标的提示词：

> 请写一篇描述夏天的文字，要求字数不低于 1000 字。
> 提供三个有效的软件开发相关的项目管理技巧。
> 列举十个市场推广电子产品（如手机）的关键策略。
> 针对此产品，提供五个优势和弱点的评估。
> 提供一份最近 90 天内该网站用户活跃度分析报告。

有了明确指标，ChatGPT 给出的答案就更加精准并符合我们的预期啦。

1.5.3　增加示例

增加示例的目的是让 ChatGPT 有一个参考对象，这样它就更能明白我们的意图是什么。下面看有示例和没示例的两个提示词的差异。

我的目的是让 ChatGPT 给我的宠物狗起一个名字，如图 1-28 所示。

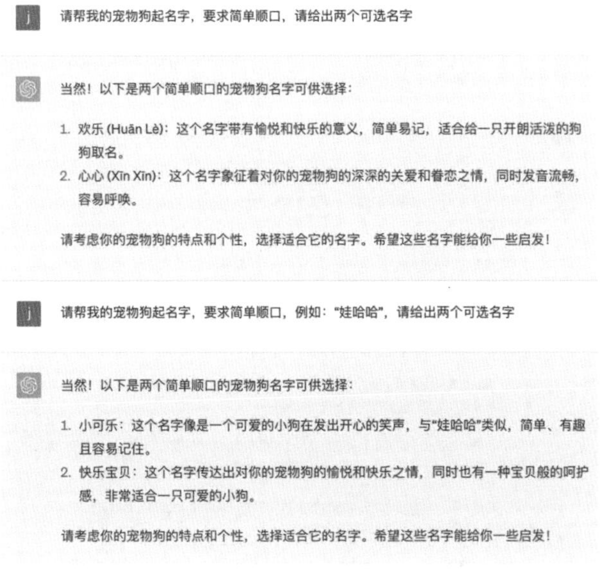

> 请帮我的宠物狗起名字，要求简单顺口，请给出两个可选名字
>
> 当然！以下是两个简单顺口的宠物狗名字可供选择：
>
> 1. 欢乐 (Huān Lè)：这个名字带有愉悦和快乐的意义，简单易记，适合给一只开朗活泼的狗狗取名。
> 2. 心心 (Xīn Xīn)：这个名字象征着对你的宠物狗的深深的关爱和眷恋之情，同时发音流畅，容易呼唤。
>
> 请考虑你的宠物狗的特点和个性，选择适合它的名字。希望这些名字能给你一些启发！

> 请帮我的宠物狗起名字，要求简单顺口，例如："娃哈哈"，请给出两个可选名字
>
> 当然！以下是两个简单顺口的宠物狗名字可供选择：
>
> 1. 小可乐：这个名字像是一个可爱的小狗在发出开心的笑声，与"娃哈哈"类似，简单、有趣且容易记住。
> 2. 快乐宝贝：这个名字传达出对你的宠物狗的愉悦和快乐之情，同时也有一种宝贝般的呵护感，非常适合一只可爱的小狗。
>
> 请考虑你的宠物狗的特点和个性，选择适合它的名字。希望这些名字能给你一些启发！

图 1-28　起名字

当增加示例后，ChatGPT 就可以按照我们的格式（三个字，并且后面两个字是重叠的）来起名字啦。

1.5.4 限定角色

对于角色的用法，经过前面章节的学习，我们已经不再陌生。在提示词里如果限定了角色，ChatGPT 就会以该角色的身份来回答问题了。我们来对比限定角色与不限定角色的两种提示词结果。

先看不限定角色的情况，如图 1-29 所示。

解释大海为什么是蓝色的

大海之所以呈现蓝色，是由于光在水中的传播和散射过程导致的。当太阳光照射到海洋表面时，光线中的不同波长会以不同的方式相互作用。

太阳光包含了各种颜色的光，即不同波长的光线。其中，蓝色光的波长相对较短，而红色光的波长则相对较长。当光线进入海水时，其中的红色光波长较长，能够在水中传播更远。相比之下，蓝色光的波长较短，容易与水分子发生相互作用。

在海水中，水分子吸收了大部分的红色光，而对蓝色光的吸收相对较少。这意味着，当太阳光照射到海洋表面并穿过一段距离的水时，较多的蓝色光得以保留并向各个方向散射。这使得我们在看海洋时，感知到的是大量被散射的蓝色光。

此外，海洋水体中的颗粒物质也可以对光的传播和散射产生影响。这些颗粒可以来自悬浮在水中的微小生物、沉积物、盐类等。这些颗粒会散射光线，使得海水呈现更浑浊的蓝色或绿色。

因此，大海呈现蓝色的主要原因是：太阳光中的蓝色光波长相对较短，容易在海水中传播并散射，而红色光波长较长，更容易被水分子吸收。此外，海水中的颗粒物质也会影响光的传播和散射，进一步影响海水的颜色。

图 1-29 没有限定角色

这是一个中规中矩的回答，再来看看限定角色（小学老师）后，它是如何回答的，如图 1-30 所示。

你现在是一名小学老师，你在教一年级，你的学生问你一个问题，大海为什么是蓝色的

学生们，大海为什么是蓝色的是一个非常好的问题！大海呈现蓝色是因为太阳光在海水中的传播和散射过程。

当太阳光照射到海洋表面时，光线中包含了很多不同颜色的光，比如红色、橙色、黄色、绿色和蓝色等。但是，海水对这些颜色的光并不是都一样的。

你们知道吗？蓝色的光波长比较短，而红色的光波长比较长。当太阳光进入海水时，其中的红色光波长较长，容易被水分子吸收，而蓝色光波长较短，容易在水中传播。

所以，当我们看向海洋的时候，海水会吸收掉大部分的红色光，而将蓝色光反射和散射出来。这就是为什么我们会觉得大海是蓝色的原因。

此外，海洋中也存在一些微小的颗粒物质，比如悬浮在水中的微生物和沉积物，它们也会散射光线。这些微小的颗粒物质会让海水呈现更深沉或更浅亮的蓝色。

所以，总结一下，大海呈现蓝色是因为海水中的红色光被吸收，而蓝色光被散射出来。同时，海水中的微小颗粒也会影响海水的颜色。

希望这个解释对你们有帮助！如果还有其他问题，我会很乐意回答。

图 1-30 限定角色为老师

这个答案看起来是不是亲和很多呢? 而且我们在不同的场景可以设定不同的角色, 回答出来的答案自然也就会风格不同。

1.5.5 限定范围

限定范围, 指的是让 ChatGPT 给出答案时, 需要在某种界限内来回答, 目的是让答案更加精准, 比如限定时间、限定地理位置、限定数量、限定类别, 等等。

我们来对比限定范围和不限定范围的两种提示词结果。

先看不限定范围的情况, 如图 1-31 所示。

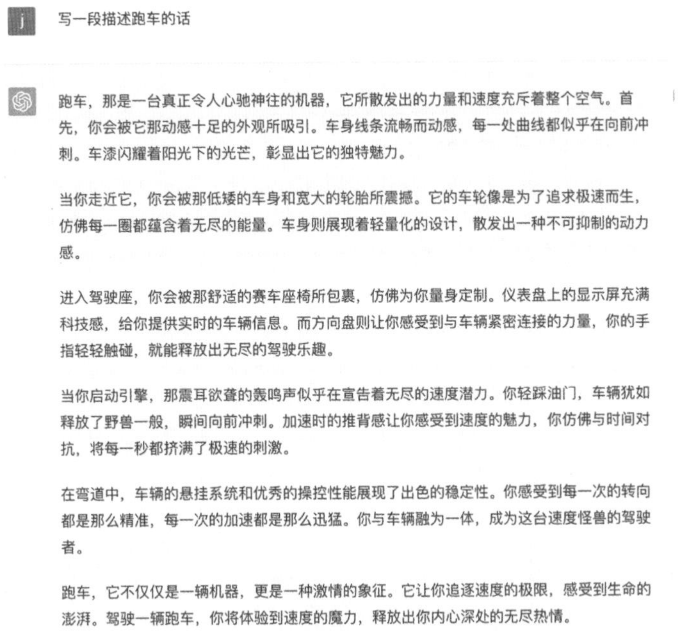

> 写一段描述跑车的话

> 跑车, 那是一台真正令人心驰神往的机器, 它所散发出的力量和速度充斥着整个空气。首先, 你会被它那动感十足的外观所吸引。车身线条流畅而动感, 每一处曲线都似乎在向前冲刺。车漆闪耀着阳光下的光芒, 彰显出它的独特魅力。
>
> 当你走近它, 你会被那低矮的车身和宽大的轮胎所震撼。它的车轮像是为了追求极速而生, 仿佛每一圈都蕴含着无尽的能量。车身则展现着轻量化的设计, 散发出一种不可抑制的动力感。
>
> 进入驾驶座, 你会被那舒适的赛车座椅所包裹, 仿佛为你量身定制。仪表盘上的显示屏充满科技感, 给你提供实时的车辆信息。而方向盘则让你感受到与车辆紧密连接的力量, 你的手指轻轻触碰, 就能释放出无尽的驾驶乐趣。
>
> 当你启动引擎, 那震耳欲聋的轰鸣声似乎在宣告着无尽的速度潜力。你轻踩油门, 车辆犹如释放了野兽一般, 瞬间向前冲刺。加速时的推背感让你感受到速度的魅力, 你仿佛与时间对抗, 将每一秒都挤满了极速的刺激。
>
> 在弯道中, 车辆的悬挂系统和优秀的操控性能展现了出色的稳定性。你感受到每一次的转向都是那么精准, 每一次的加速都是那么迅猛。你与车辆融为一体, 成为这台速度怪兽的驾驶者。
>
> 跑车, 它不仅仅是一辆机器, 更是一种激情的象征。它让你追逐速度的极限, 感受到生命的澎湃。驾驶一辆跑车, 你将体验到速度的魔力, 释放出你内心深处的无尽热情。

图 1-31 不限定范围

如果加上一个范围"科幻小说里"(如图 1-32 所示), 是什么样的效果呢?

写一段描述跑车的话，我用在科幻小说里

在未来的科幻世界中，跑车是银河系中最壮丽的移动艺术品。它们如同流星划过黑暗的宇宙，散发着炽热的能量。车身由未来材料构成，闪耀着强烈的光芒，仿佛来自星际的能量核心。

跑车的设计独树一帜，车身线条流畅而极具未来感。它们如同时光机器，从未来穿越而来，展现着高度先进的科技和超凡的工艺。无论是车头的动感造型还是车尾的翅膀式设计，都展示出超越常规的未来风格。

当驾驶员接近跑车时，车门自动打开，仿佛迎接他们进入另一个时空。驾驶舱内，未来科技的智能界面完美融合，为驾驶员提供全息式的操控体验。触摸屏上的图像投影出星际导航和驾驶数据，让驾驶员如同航行在宇宙中的航天员。

跑车的动力系统更是前所未有的强大，配备了先进的反物质引擎和超能量电池。一旦启动，跑车瞬间释放出强大的推力，如同一颗星际火箭冲向太空。它的加速度惊人，速度几乎超越了人类的想象，让人仿佛穿越时空的极限。

在未来的都市中，跑车如闪电穿梭于高楼大厦之间，犹如流线型的未来战士。随着超声速通过，留下一道流光溢彩的能量尾迹，震撼着每一个目击者的视觉神经。它们是速度的化身，是未来科技与驾驶激情的完美结合。

在这个科幻世界中，驾驶跑车不仅仅是追求速度的乐趣，更是一种穿越时空的冒险。驾驶员们在跑车的座舱中感受到宇宙的力量，掌握着超越现实的力量。跑车成为他们征服星际的坚实伙伴，与他们一同探索未知的宇宙奥秘。

图 1-32　限定了范围

可以看到，当我们加上"科幻"字眼后，这段描述跑车的文字会具有强烈的"未来感"。

1.5.6　设定温度值

ChatGPT 有一个特殊参数——temperature（温度），它用来控制生成的文本随机性程度，该参数取值范围为 0 ~ 2，默认值为 1，这个值越大，ChatGPT 输出的文本就越随机，有时我们可以适当加大这个值让它生成的文本更具创造力。

先来看一个不带 temperature（温度）参数的提示词，如图 1-33 所示。

请以春天为主题，写一篇100字以内的文字

春风拂面，微笑盈眸。春天来了，大地复苏。万物苏醒，花开满园。春雨润物，嫩绿点缀。蝴蝶翩跹，鸟儿歌唱。和煦的阳光，温暖心房。春天，是生机勃勃的季节。让我们追逐梦想，享受美好。春天，给予我们希望和喜悦，将快乐播撒在每个角落。让我们怀揣希冀，迎接春天的到来。

图 1-33　不带温度

没有对比，我们暂时看不出效果，默认"温度"（这里指参数）为 1，也就是中间值。我们再来看一个"温度"为 0 的效果，在提示词里可以用中文"温度"，也可以用英文，效果一样，如图 1-34 所示。

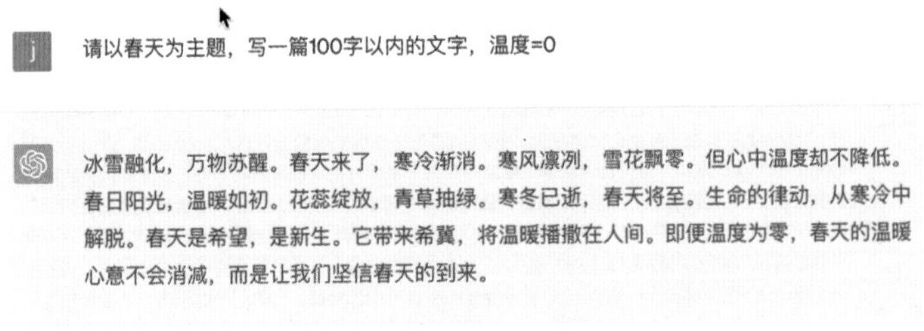

> **j**　请以春天为主题，写一篇100字以内的文字，温度=0
>
> ⑤　冰雪融化，万物苏醒。春天来了，寒冷渐消。寒风凛冽，雪花飘零。但心中温度却不降低。春日阳光，温暖如初。花蕊绽放，青草抽绿。寒冬已逝，春天将至。生命的律动，从寒冷中解脱。春天是希望，是新生。它带来希冀，将温暖播撒在人间。即便温度为零，春天的温暖心意不会消减，而是让我们坚信春天的到来。

图 1-34　温度 =0

我们来对比两个输出文本，图 1-33 的（不带温度参数，温度为 1）文字中出现了"舞动""蹦跳""歌唱"等字眼，这段文字看起来很美，但不夸张。而下面的（温度 =0）文字中并没有出现任何比喻，整体中规中矩，只是对事实的描述。下面我们再来将温度提升到 2，看看会发生什么，如图 1-35 所示。

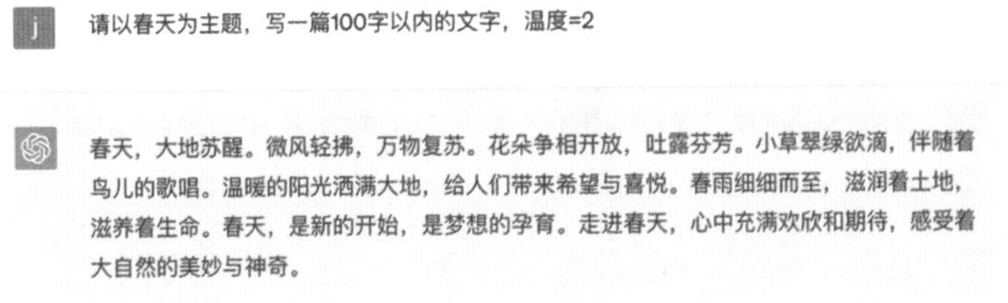

> **j**　请以春天为主题，写一篇100字以内的文字，温度=2
>
> ⑤　春天，大地苏醒。微风轻拂，万物复苏。花朵争相开放，吐露芬芳。小草翠绿欲滴，伴随着鸟儿的歌唱。温暖的阳光洒满大地，给人们带来希望与喜悦。春雨细细而至，滋润着土地，滋养着生命。春天，是新的开始，是梦想的孕育。走进春天，心中充满欢欣和期待，感受着大自然的美妙与神奇。

图 1-35　温度 =2

是不是更加虚幻和缥缈了，虽然也挺美，但终究是差点地气。所以，最好还是不要把"温度"调得太高，适当就行。当然，有时候我们就是需要这种虚幻的文字，你把"温度"调高即可。

1.5.7　万能模仿

有时你实在想不到更好的提示词，这时可以到网上找一些优质的提示词，然后让 ChatGPT 来模仿这些提示词生成你想要的。这项技能有人把它叫作"万能模仿"。下面我们来看看这个万能模仿怎么玩吧。

1）找优质提示词，这个在网上搜即可。

2）将优质提示词"喂"给 ChatGPT，如图 1-36 所示。

j 我有一些提示词，我会在下一条指令中发给你，你现在什么都不要做，等我后面的指令。如果没问题，请回复"收到"。

⊙ 收到。请在下一条指令中提供提示词。

j 这条指令里，我会给您发提示词，收到提示词后，什么都不要做，只需回复"收到"。第一个提示词："我希望您成为一名社交媒体经理。您将负责在所有相关平台上开展和执行活动，通过回答问题和评论与观众互动，通过社区管理工具监控对话，使用分析来衡量成功与否，创建引人入胜的内容并定期更新。我的第一个建议请求是"我需要帮助管理组织的Twitter，以提高品牌知名度。"第二个提示词："我希望成您为一名记者。您将报道突发新闻、撰写专题报道和评论文章、开发用于验证信息和发现来源的研究技术、遵守新闻道德并以您自己独特的风格提供准确的报道。我的第一个建议请求是我需要写一篇关于世界主要城市空气污染的文章。"第三个提示词："我希望您成为一名化妆师。您将为客户使用化妆品，根据美容和时尚的最新趋势打造外观和风格，就护肤程序提供建议，学习如何处理不同的肤色，并能使用传统的产品应用方法和新技术。我的第一个建议请求是要帮助一位举办50岁生日庆典的客户打造抗衰老造型。"

⊙ 收到。我已经收到您的提示词，请继续下一条指令。

图 1-36 "喂"提示词

3）让 ChatGPT 生成目标提示词，如图 1-37 所示。

j 请模仿我发给你的三个提示词，提供一个类似的，我的需求是"写一篇卖口红的营销文案"

⊙ 我明白了。以下是一个类似的提示词：

"我希望你成为一名营销文案撰写师。您将负责撰写吸引人的文案，以促进口红产品的销售。您需要了解目标受众，突出产品的特点和优势，并以创意和引人入胜的方式展示。您的文案将涉及社交媒体广告、产品描述、品牌故事等。我的第一个建议请求是：我需要帮助写一篇卖口红的营销文案，重点突出产品的色彩鲜艳、持久保湿和令人惊艳的效果。"

希望这个提示对您有帮助。

图 1-37 生成优质提示词

4）拿生成的提示词来获取结果，先复制刚生成的提示词，然后再开一个新的聊天，点一下左上角的"New chat"即可，然后使用新提示词，如图 1-38 所示。

j　我希望您能成为一名市场营销专员。您将负责为口红产品进行全面的营销活动，通过制定策略、撰写吸引人的文案和广告语，以及与潜在客户互动，提高知名度和销售额。您需要深入了解口红市场趋势和目标受众，以及激发出令人难以抗拒的购买欲望。我的第一个建议请求是"我需要帮助写一篇能够突出口红产品特色并吸引目标客户的营销文案"

⑤　当然，我很乐意帮助您撰写一篇突出口红产品特色并吸引目标客户的营销文案。以下是一份示例文案，您可以根据需要进行修改和调整：

不可抗拒的魅力，尽在我们的口红系列！

想要展现自己的独特魅力吗？渴望拥有一款让人心动的妆容吗？我们的口红产品将带给您这一切，让您的美丽更加耀眼夺目。

特色一：色彩缤纷，打造个性

我们的口红系列拥有令人惊叹的色彩选择，从柔和的自然色到大胆的时尚潮流色，无论您是喜欢低调温和还是喜欢大胆张扬，我们都能满足您的需求。每一款色彩都经过精心调配，确保与您的肤色完美融合，让您散发出独一无二的个性魅力。

特色二：持久显色，妆容持久

我们的口红采用了最先进的配方技术，让色彩持久显色，不易脱落，让您的妆容始终保持完美状态。无论是白天工作还是夜晚社交，我们的口红能够持久陪伴您，让您的美丽绽放一整天。

图 1-38　使用新提示词

上面就是用"万能模仿"的方法来生成优质提示词的技巧，你学会了吗？

第 2 章
掌握 AI 写作

写作，它不仅仅是一种技能，更是一种思考的方式。通过文字，我们可以向世界展示我们的思想，分享我们的经验，对个人的工作和生活都至关重要。

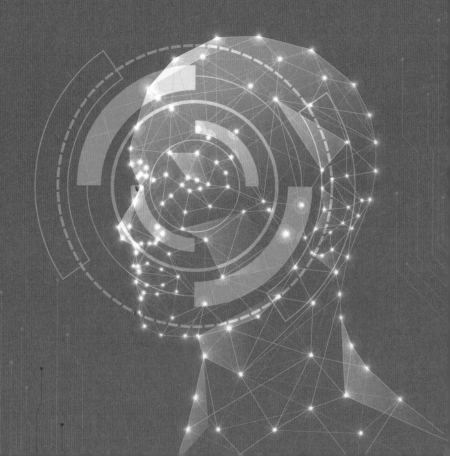

2.1　常用的 AI 写作工具

在人工智能的风口浪尖上，各种 AI 工具如同春天的竹子，一夜之间冲破了土壤。这些工具以其高效、便捷、省时省力的特性，正在革新我们的工作方式和生活方式。其中：

- ChatGPT 是我们目前所能接触到的最顶尖的大型 AI 模型，它能在你提供的一两句话的提示下，创作出让人叹为观止的各种类型的文章，诗词、歌赋、论文应有尽有，那些曾经让你望而生畏的写作任务，现在只需花一分钟的时间便能轻松完成。

- Notion AI，这是一款功能强大的 AI 写作工具，它提供了一系列丰富多样的功能和排版方式，适合深度和富有创意的写作。但是，它的使用可能需要一些时间去适应和学习。

- 写作猫，这是国内一款易用的 AI 写作工具，适合职场人士进行高效的文案创作。

除了以上这些工具，还有大量的 AI 写作工具在不断涌现，我们总能找到一款最适合的。例如，Textio 可以帮助你优化英文邮件和招聘公告的写作，提高信息传达效果；而Grammarly 则能对你的英文文章进行语法、拼写、标点等方面的自动检查和优化，以提高文章的质量和可读性。

当然，不管哪款 AI 写作工具，它都无法完全替代人类的创造力。AI 只是一个工具，它的优势在于能帮助我们提高工作效率和准确性。在写作过程中，人类的创新思维和创造力仍然是不可或缺的。

下面我们先来熟悉被用得最多的三款 AI 写作工具。

2.1.1　ChatGPT

ChatGPT 的出现是人工智能发展的重要里程碑。它在众多领域都展示了令人瞩目的能力，包括但不限于写作、交流沟通、回答问题，甚至能在许多专业领域进行深度解答。特别是在写作领域，ChatGPT 可以说是一把利剑。下面，我们就一起探究如何运用这把利剑，让你的写作充满力量。

先来看一个简单的例子，如图 2-1 所示。

以"小满"为主题写一首七言绝句，小满是中国二十四节气之一

"小满田野稻粒饱，绿梢低垂映夕照。"

图 2-1   ChatGPT 创作节气诗

只需一个提示词，ChatGPT 就能编写出精彩的内容，它的能力是不是令人惊叹呢？如果我们换一个主题让 ChatGPT 创作诗歌，它是否能同样完成任务呢？让我们再试一试，如图 2-2 所示。

以520节日为主题，写一首赞美爱情的诗

在五二零的温馨日子里，
爱情如细水长流的诗篇。

你是我心中无尽的宇宙，
深邃广大，绚烂星辰，无可取代。
你的笑，如春风拂过草原，
点燃我内心的希望，让我熠熠生辉。

在这520的特别日子，
我愿将我的心声高高挂起，
让世界听见，我爱你的决心。

让我们的爱，如长河不息，
穿越风霜，跨越岁月，一直向前。
让每一天都像520一样，
充满爱，充满你，永恒如诗。

图 2-2   ChatGPT 创作爱情诗

到了此处，相信大家对 ChatGPT 已经有了一定的了解，接下来我们会介绍其他的 AI 写作工具。

2.1.2 Notion AI

Notion AI 的 AI 写作功能就像是一颗璀璨的明珠，充满魅力。它可以帮助你创建多种形

式的内容，包括标题、列表、图表、图片、视频、文档和总结等，而且还支持各种排版方式，以满足各种需求。此外，Notion AI 还具有强大而精准的智能辅助改写能力，可以帮助你迅速梳理和总结信息。同时，它还能支持项目管理和代码 / 语法修正，让你无论是在写作还是工作中都能达到更高的效率。

现在，我们就以"北漂奋斗史"为标题，一起使用 Notion AI 来创作一篇描述个人奋斗历程的长篇文章。

第一步，列出写作大纲。

输入你的角色、场景、要求，利用 AI 进行大纲的内容编写，具体指令内容如图 2-3 所示。

我是一个北漂 IT 男，奋斗十几年，在北京结婚生子安家，工作有希望，生活有幸福也有小烦恼，列出北漂奋斗史文章大纲，要求语言生动，情节跌宕起伏，涉及工作、生活、婚姻、买房、生子等内容。

图 2-3　列出大纲

第二步，根据生成的大纲扩展内容，如图 2-4 所示。

根据大纲的组织和表达思路，逐条地扩展内容，直至完成整篇文章。

通过 Notion AI，你可以方便快捷地写出一篇专业的文章，而且速度惊人，每分钟可写 1000 字以上，这是在 AI 技术未发展的年代无法想象的事情。

北漂奋斗史　　　　　　　　　　　　　　　　　　　　　　　　　Edited just now　Share

北漂奋斗史

北漂奋斗史

我是一名北漂IT男，已经在北京奋斗了十几年。经历了许多波折和曲折，我终于在这个城市安家落户，结婚生子，工作有了一些希望，生活也有了一些幸福，但同时也有了一些小烦恼。下面是我北漂奋斗史的大纲：

工作篇

我初到北京的时候，是一名刚毕业的大学生。我在一家创业公司找到了一份IT工作，虽然公司规模不大，但我从中学到了很多东西。后来，公司倒闭了，我又找到了一份更好的工作，在这家公司里，我遇到了我的现任老板，我们建立了良好的合作关系。但是，后来我却因为一些误会被公司开除了，我感到非常失望。但我并没有放弃，我继续寻找机会，最终找到了一份更好的工作，我在这里一直努力工作，现在已经成为了公司的技术总监。

生活篇

我在北京的生活并不容易。刚开始的时候，我住在一个非常简陋的出租屋里，每个月的房租都很贵，但是房间却非常小。后来，我结婚了，我们决定购买一套自己的房子。但是，北京的房价非常高，我们花了很长时间才找到了一套适合我们的房子。现在，我们已经住进了新房子，生活条件得到了很大的改善。

婚姻篇

我和我的妻子是在北京认识的，我们一起经历了许多困难和挫折。但是，我们一起度过了这些艰难的时刻，我们的感情也变得越来越稳定。后来，我们决定结婚，开始了新的生活。虽然我们的婚姻生活中也遇到了很多问题，但我们一直努力克服，现在我们的婚姻生活越来越美好。

图 2-4　大纲

2.1.3　写作猫

写作猫，这是一款在国内广受赞誉的 AI 写作工具。它的特色在于，只需输入几个关键词、主题或者一个简单的标题，就能神奇地生成一篇质量出众的文章。你还可以从丰富多样的 AI 写作模板中选取一款。无论你想写报告、撰写营销文案，还是头脑风暴，写作猫都能胜任。你可以参考写作猫提供的模板进行写作，同时，你也可以根据自己的需求随意编辑。系统会根据你的选择，智能联系上下文进行纠错，以确保文章的准确性和流畅性。

写作猫支持多种使用方式，如网页、小程序、插件等，你可以在任何时间、任何地点使用它来完成你的写作任务。此外，它还支持文章智能改写和润色等功能，让你的文章更加精准、生动。下面，让我们深入了解如何使用写作猫。

首先，来看看写作猫的主页面，如图 2-5 所示。

整个版面分为左右两栏，左侧为文章内容编辑区域，右侧为模板展示和浏览区域。内容编辑区域支持写内容、编辑大纲，并支持设置短、中、长篇文章。模板区域包括全文写作、广告语、论文灵感、文献推荐、小红书种草文案、方案报告、短视频文案、日报周报、邮件、头脑风暴等多个选项，用户可以根据自己内容创作的需要灵活选择。

图 2-5 写作页面

介绍完写作猫的主页面后,再看看怎么利用模板写周报。在写作猫界面右侧选择模板:日报周报。然后就会自动切换到日报周报模板,如图 2-6 所示。接着只需要描述一周的主要工作内容:

完成了工单系统的智能 AI 问答的后台逻辑开发,与前端实现了对接和联调,已经部署到测试环境,提供给测试人员测试。

图 2-6 利用模板写周报

然后，按照要求设置生成类型为：周报，职业为软件工程师，文案长度为中，文案条数为 1。点击"生成内容"按钮后，便生成了本周的周报。最后根据周报的内容，你可以在实际情况的基础上进行增删和完善，以确保周报的全面和准确。

2.2 写出高质量文章的秘诀

在前文中，已经介绍了三款 AI 写作工具。尽管这些工具确实可以帮助我们提升写作效率，但我们写文章的初衷，仍然是为了表达自己内心的想法，让文章充满我们自己的思考和灵魂，展现出我们独特的思维方式和个性，建立起我们自己的逻辑结构。因此，我们需要更深入地理解如何运用这些 AI 写作工具，并在此基础上融入我们自身的思考和创造力，才能创作出真正有价值的文章。

文章的创作需要经过选题、列大纲、写标题、写正文这四大流程。同时，写作过程中需要有思想的深度和敏锐的洞察力，以及对语言的高度敏感和把握，这样才能写出引人入胜、感人至深的作品。

2.2.1 确定一个有趣的选题

选题是写文章重要的环节，好的选题可以激发读者的阅读兴趣。在设置选题阶段，考虑时事热点，比如流行事件、经济走向、科技趋势等。当然，假如我们没有好的选题，也可以让 ChatGPT 给我们选题的建议。

下面，就使用简单的案例来看看如何让 ChatGPT 提供选题建议，如图 2-7 所示。

在 ChatGPT 的回复中可以看到，ChatGPT 返回了 10 个关于心理学的热门话题，我们可以选自己感兴趣的话题开始写作了。

> a 帮我找10个自媒体上涉及心理学的热门话题

> ⑤ 好的，这是我为您找到的10个关于心理学的热门话题：   ⎘ 👍 👎
>
> 1. 心理健康意识：在这个话题下，可以讨论如何在日常生活中关注并维护心理健康，以及如何识别和处理各种心理问题。
> 2. 能量心理学：这是一种探讨个体如何通过心理学理论来提高生活能量和改善情绪状态的话题。
> 3. 心理咨询的重要性：在这个话题下，可以讨论为什么人们应该寻求心理咨询，以及这如何可以帮助人们改善生活质量。
> 4. 工作场所压力与心理健康：这个话题探讨的是工作压力如何影响人们的心理健康，以及如何通过应对策略来改善这种状况。
> 5. 积极心理学：这是一个讨论如何利用心理学提高生活质量和幸福感的话题。
> 6. 儿童与青少年心理健康：关于如何理解和应对儿童与青少年的心理问题，以及如何帮助他们建立健康心态的话题。
> 7. 焦虑和抑郁：这个话题下可以讨论焦虑和抑郁的心理机制，以及如何识别和处理这些常见的心理问题。
> 8. 疫情与心理健康：讨论新冠疫情对个体和社区心理健康的影响，以及如何在疫情期间维护心理健康。
> 9. 老年心理健康：关于如何理解和应对老年人的心理问题，以及如何帮助他们在老年阶段维持良好心理状态的话题。
> 10. 人际关系与心理学：这个话题探讨的是心理学在解释和改善人际关系中的角色，包括恋爱关系、亲子关系、朋友关系等。

图 2-7 选题

2.2.2 列好大纲，帮你打开思路

文章大纲可以帮助作者在写作过程中有条不紊地展开思路，提高写作效率和文章质量。在我们定好了选题，但没有写作思路的时候，也可以让 ChatGPT 通过列大纲的方式，帮我们打开思路，如图 2-8 所示。

可以看到，ChatGPT 很快为我们列出了大纲。但是部分大纲可能并不符合我们的预期，我们可以对大纲做调整，以满足需要。如果我们对于选题没有任何思路，这个大纲也可给我们指明写作的方向。

a 从儿童心理学的角度对家长如何辅导孩子学习进行分析，列出文章的大纲，包含两级标题，
一级标题和二级标题，每个标题下面包含3个二级标题

好的，这是我为您创建的一个关于"如何从儿童心理学的角度辅导孩子学习"的文章大纲：

一级标题：理解儿童心理学
二级标题：
1. 儿童的发展阶段：解释儿童的认知、情感和社会发展阶段。
2. 学习动机理论：介绍驱动儿童学习的内在和外在动机。
3. 儿童的注意力与记忆：介绍儿童注意力的特点，以及记忆如何在学习中起到关键作用。

一级标题：运用儿童心理学理论辅导学习
二级标题：
1. 激发内在学习动机：分享如何引导孩子发现和追求他们对学习的内在兴趣和欲望。
2. 创造有效的学习环境：讲述如何利用心理学理论创建适合儿童学习的环境。
3. 训练注意力和记忆技能：提供方法和技巧，帮助孩子提高注意力，以及更好地记忆学习内容。

一级标题：应对学习难题和压力
二级标题：
1. 识别学习困难：如何识别孩子在学习上的困难，并找出可能的心理原因。
2. 建立适应压力的能力：教授孩子如何通过心理学技巧应对学习压力。
3. 积极心态的培养：如何通过积极的反馈和鼓励，帮助孩子建立积极的学习心态。

图 2-8　列大纲

2.2.3　写出动人的标题

文章标题简短、凝练地体现主题和内容，具有吸引读者和概括内容的重要作用。好的标题应概括主要内容，吸引读者兴趣，从而进行阅读。

我们来看看图 2-9 所示的 ChatGPT 的提示词。

a 从儿童心理学的角度对家长如何辅导孩子学习的大纲内容，创造一个具有纲领性、吸引力
的标题，30个字以内

"悦读心理学：家长如何运用儿童心理学策略引导孩子的学习之路"

图 2-9　写标题

可以看到，ChatGPT 很快给我们返回了一个提示词，如果我们对生成的标题不满意，可以让 ChatGPT 给我们更多的结果，直到找到适合我们的标题。

2.2.4 写出得体的摘要

文章摘要是文章开头所放置的简短、凝练的内容概述，主要起到概括文章内容、吸引读者的作用。我们只需用简单的提示词，就可以让 ChatGPT 帮我们生成摘要，如图 2-10 所示。

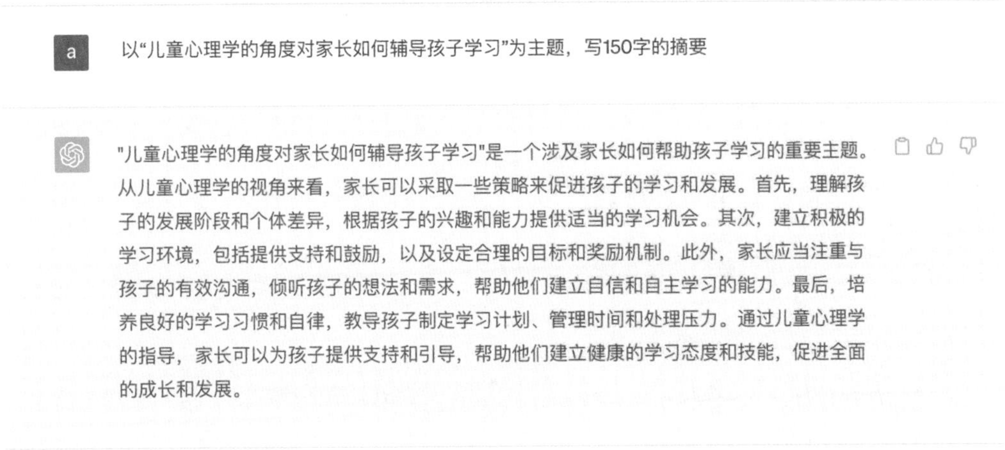

以"儿童心理学的角度对家长如何辅导孩子学习"为主题，写150字的摘要

"儿童心理学的角度对家长如何辅导孩子学习"是一个涉及家长如何帮助孩子学习的重要主题。从儿童心理学的视角来看，家长可以采取一些策略来促进孩子的学习和发展。首先，理解孩子的发展阶段和个体差异，根据孩子的兴趣和能力提供适当的学习机会。其次，建立积极的学习环境，包括提供支持和鼓励，以及设定合理的目标和奖励机制。此外，家长应当注重与孩子的有效沟通，倾听孩子的想法和需求，帮助他们建立自信和自主学习的能力。最后，培养良好的学习习惯和自律，教导孩子制定学习计划、管理时间和处理压力。通过儿童心理学的指导，家长可以为孩子提供支持和引导，帮助他们建立健康的学习态度和技能，促进全面的成长和发展。

图 2-10　写摘要

ChatGPT 很快根据我们的要求生成了摘要，对于写作能力不强的人来说，这是能节省时间的。

2.2.5 写出你想要的风格

正文是文章最重要的组成部分，正文也是写作的关键部分。当然，其中也包含不少技巧，接下来我们来看看，怎么用各种技巧辅助写作。

常用技巧 1：仿照作家风格写作（见图 2-11）

> **a** 请仿照鲁迅的写作风格，以"从儿童心理学的角度对家长如何辅导孩子学习"为主题，写150字的文章

> 成年人，尤其是父母们，经常在知识的殿堂里挥舞起"教导"的大棒，却忽略了小儿们纯真的心灵如白纸，需要的是细水长流的熏陶。成长在旁，儿童心理学在前，却有几人真正以此为行事之道？我见过，那些只知灌输知识，却视而不见孩子们好奇的眼神和疑惑的神色的家长。也见过，那些满口激励，却忽视孩子内心恐惧和紧张的家长。所以，儿童的心，是一颗嫩苗，需要的是滋养而非压迫；孩子的学习，是一座宝山，需要的是引导而非强迫。记住，对待孩子，我们是引导者，不是主宰者；对待学习，我们是启蒙者，不是刻板者。

↻ Regenerate response

图 2-11　鲁迅风格

这段文字看起来是不是很像鲁迅的风格呢？

常用技巧 2：给定模板仿写内容

除了仿写某位作家，只要我们给定风格，ChatGPT 也是可以仿写的，接下来举个例子，让大家感受一下，如图 2-12 所示。

> **a** 请参考双引号文段的风格，以"从儿童心理学的角度对家长如何辅导孩子学习"为主题，写150字的文章："六王毕，四海一。蜀山兀，阿房出。覆压三百余里，隔离天日。骊山北构而西折，直走咸阳。二川溶溶，流入宫墙。五步一楼，十步一阁。廊腰缦迥，檐牙高啄。各抱地势，钩心斗角。盘盘焉，囷囷焉，蜂房水涡，矗不知其几千万落。长桥卧波，未云何龙？复道行空，不霁何虹？高低冥迷，不知西东。歌台暖响，春光融融。舞殿冷袖，风雨凄凄。一日之内，一宫之间，而气候不齐。"

> 儿童之心，素白如纸，未涂未抹。家长者在此，妄图描绘千条万理，却忘却了孩子自有心理之学。心如雏鸟，需扶而不需推；智如嫩芽，需灌而不需摧。深悟此理，便知教子之道，非是硬塞课本知识，而是顺应心理，深入浅出，以引导为主。
>
> 观其笑容，明其心之所向；听其疑问，晓其思之所绕。犹如斜阳映照山崖，蜿蜒曲折，昭示了前行之路；又如细雨润物，滋养万物，却无声无息。举步成百，停步观云。学习之旅，宛若万里长桥，家长者乃桥梁之建设者，引导儿童一步步稳健前行，不忧西东，不惧春秋。如此，我们的子女，方可在知识的海洋中自由遨游，卓越未来。

图 2-12　仿写风格

在上面的案例中,我们以《阿旁宫赋》文段为例,让 ChatGPT 帮着写了一段文章,看起来是不是很有古文的味道呢?

常用技巧 3: 扩写文章

扩写文章是经常使用的技巧。这个技巧使用有两种方式。第一种方式是我们给个开头,然后让 ChatGPT 帮我们续写。第二种方式是我们给了简短的主要内容,让 ChatGPT 帮我们丰富内容。接下来,我们一起来学习这两种方式。

首先,来看看通过开头进行内容扩写,如图 2-13 所示。

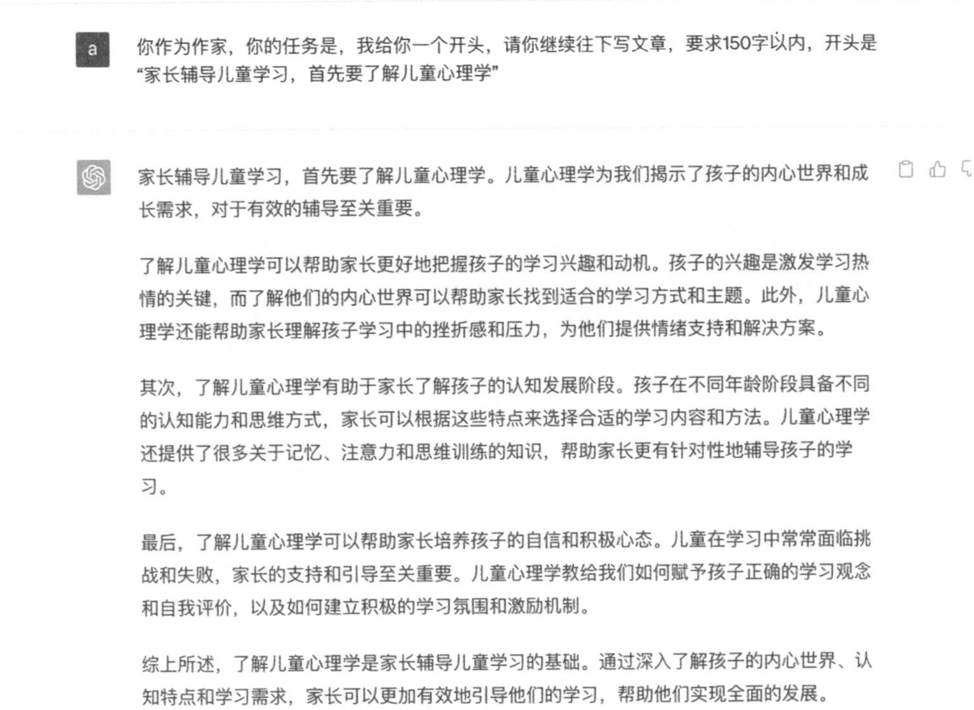

a 你作为作家,你的任务是,我给你一个开头,请你继续往下写文章,要求150字以内,开头是"家长辅导儿童学习,首先要了解儿童心理学"

家长辅导儿童学习,首先要了解儿童心理学。儿童心理学为我们揭示了孩子的内心世界和成长需求,对于有效的辅导至关重要。

了解儿童心理学可以帮助家长更好地把握孩子的学习兴趣和动机。孩子的兴趣是激发学习热情的关键,而了解他们的内心世界可以帮助家长找到适合的学习方式和主题。此外,儿童心理学还能帮助家长理解孩子学习中的挫折感和压力,为他们提供情绪支持和解决方案。

其次,了解儿童心理学有助于家长了解孩子的认知发展阶段。孩子在不同年龄阶段具备不同的认知能力和思维方式,家长可以根据这些特点来选择合适的学习内容和方法。儿童心理学还提供了很多关于记忆、注意力和思维训练的知识,帮助家长更有针对性地辅导孩子的学习。

最后,了解儿童心理学可以帮助家长培养孩子的自信和积极心态。儿童在学习中常常面临挑战和失败,家长的支持和引导至关重要。儿童心理学教给我们如何赋予孩子正确的学习观念和自我评价,以及如何建立积极的学习氛围和激励机制。

综上所述,了解儿童心理学是家长辅导儿童学习的基础。通过深入了解孩子的内心世界、认知特点和学习需求,家长可以更加有效地引导他们的学习,帮助他们实现全面的发展。

图 2-13 根据开头扩写

可以看到,ChatGPT 根据我们提供的"家长辅导儿童学习,首先要了解儿童心理学"为开头,扩写文章了。这种方式虽然简单、节省时间,但是也有局限性。在生成的内容中,由于我们没有提供更多的信息,所以 ChatGPT 是根据自己的想象生成的内容。也许里面生成的内容并不是我们所想要的。但也有好处,假如我们没有任何写作思路,这或许是很好的提供思路的方式。

通过简短的内容进行扩写也是 ChatGPT 扩写的另外一种方式，这个被称为小样本学习，通过少量样本，让 ChatGPT 学习后做新的任务。我们也以图 2-14 所示的实际案例进行说明。

a   你作为作家，你的任务是根据我给你的内容丰富文章，要求150个字："家长辅导儿童，要学习儿童心理学，了解儿童心理学有利于掌握孩子学习动机。儿童心理学有利于家长了解孩子的认知发展阶段，了解儿童心理学可以帮助孩子培养自信和积极的心态。"

家长辅导儿童学习，要学习儿童心理学，了解儿童心理学有利于掌握孩子学习动机。孩子的学习动机是推动他们主动学习的关键因素，而了解儿童心理学可以帮助家长洞察孩子的内心需求和兴趣，从而更好地激发他们的学习动力。

此外，儿童心理学对于家长了解孩子的认知发展阶段也非常有帮助。孩子在不同年龄阶段具有不同的认知能力和思维方式，了解这些发展规律可以帮助家长选择合适的教育方法和学习内容，以促进孩子的认知发展。

而更重要的是，了解儿童心理学可以帮助孩子培养自信和积极的心态。儿童心理学提供了许多关于如何赋予孩子正确的学习观念和自我评价的知识，同时还提供了建立积极学习氛围和激励机制的方法。这些帮助可以让孩子树立自信，培养积极乐观的态度，面对学习中的困难和挑战。

综上所述，家长辅导儿童学习，学习儿童心理学至关重要。了解儿童心理学有助于掌握孩子的学习动机，了解孩子的认知发展阶段，同时也可以帮助孩子培养自信和积极的心态。这样的家长辅导将更加有针对性和有效，为孩子的学习之路铺就成功的基石。

图 2-14   根据内容扩写

根据内容扩写文章也是常用的一种方式，这种方式的好处是可以限定文章的写作范围，不会让 ChatGPT 思绪飞扬，写出超乎想象的内容。但是这种方式的写作要求作者已经心有沟壑，知道要写什么内容了。

以上两种是扩写的一般使用方式，这两种也常常结合在一起使用。当我们没有任何思路的时候，可以选择先用第一种方式，让 ChatGPT 提供一些思路，随后，再根据自己的要求，一步一步地添加约束条件。

常用技巧 4：文章润色

文章润色可以说是非常实用的技巧，ChatGPT 的润色能力会帮我们修改语法错误、理清逻辑，甚至可以修改我们的写作风格。我们也以一个案例进行学习。

我们先来看看待润色的内容：

这是一个用于描述宝宝的四维彩超照片的项目，结合 AI 绘画工具，预测宝宝的未来长相，这个方法已经在孕妈群体中掀起了热潮，我们通过这个项目几天就出单了，目前是比较热门的 AI 变现项目。

以上内容看起来有些平平无奇，我们使用 ChatGPT 进行润色，如图 2-15 所示。

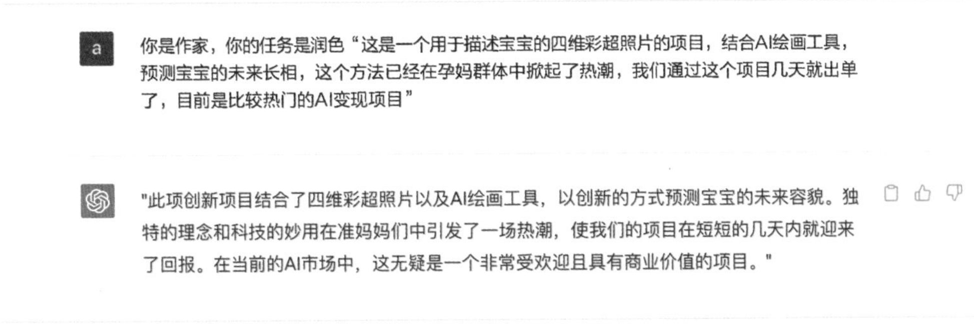

你是作家，你的任务是润色"这是一个用于描述宝宝的四维彩超照片的项目，结合AI绘画工具，预测宝宝的未来长相，这个方法已经在孕妈群体中掀起了热潮，我们通过这个项目几天就出单了，目前是比较热门的AI变现项目"

"此项创新项目结合了四维彩超照片以及AI绘画工具，以创新的方式预测宝宝的未来容貌。独特的理念和科技的妙用在准妈妈们中引发了一场热潮，使我们的项目在短短的几天内就迎来了回报。在当前的AI市场中，这无疑是一个非常受欢迎且具有商业价值的项目。"

图 2-15　文章润色

润色之后，是不是看起来更好些呢？当然，更厉害的是，我们可以要求润色后文章改变表述风格，如图 2-16 所示。

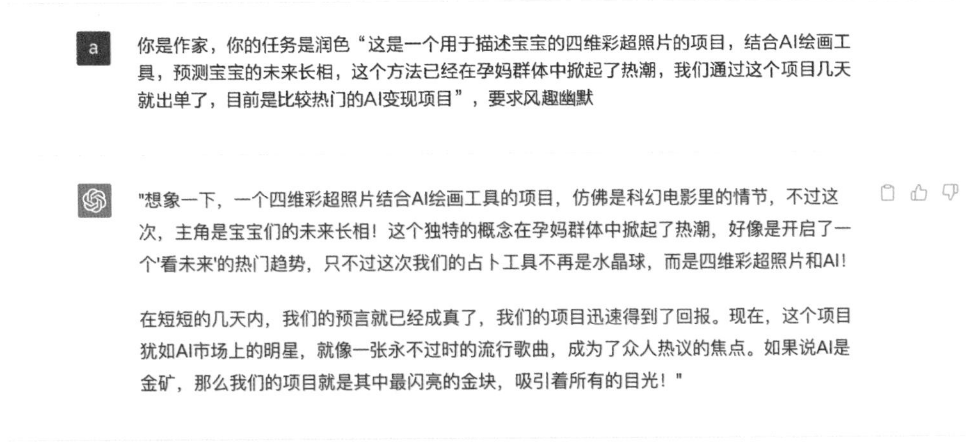

你是作家，你的任务是润色"这是一个用于描述宝宝的四维彩超照片的项目，结合AI绘画工具，预测宝宝的未来长相，这个方法已经在孕妈群体中掀起了热潮，我们通过这个项目几天就出单了，目前是比较热门的AI变现项目"，要求风趣幽默

"想象一下，一个四维彩超照片结合AI绘画工具的项目，仿佛是科幻电影里的情节，不过这次，主角是宝宝们的未来长相！这个独特的概念在孕妈群体中掀起了热潮，好像是开启了一个'看未来'的热门趋势，只不过这次我们的占卜工具不再是水晶球，而是四维彩超照片和AI！

在短短的几天内，我们的预言就已经成真了，我们的项目迅速得到了回报。现在，这个项目犹如AI市场上的明星，就像一张永不过时的流行歌曲，成为了众人热议的焦点。如果说AI是金矿，那么我们的项目就是其中最闪亮的金块，吸引着所有的目光！"

图 2-16　文章润色 2

甚至你想润色为诗词的方式，ChatGPT 也会很快帮你做到，如图 2-17 所示。

a 你是作家，你的任务是润色"这是一个用于描述宝宝的四维彩超照片的项目，结合AI绘画工具，预测宝宝的未来长相，这个方法已经在孕妈群体中掀起了热潮，我们通过这个项目几天就出单了，目前是比较热门的AI变现项目"，要求改为现代诗格式

在宝宝的四维彩超中，
AI绘画工具灵巧地演绎。
预测未来的模样，探究生命的奇迹，
这是一首科技与生命交织的诗。

在孕妈的心田中，掀起了热潮，
如潮水般涌动，情感与期待交织。
几日内单飞，如诗中的鸟儿，
在AI市场上，成为了热门的乐章。

预测未来，让梦想翱翔，
在生命的诗篇中，我们留下美丽的章节。
这是我们的故事，也是未来的旋律，
宝宝的四维彩超照片，成为我们共同的诗行。

图 2-17　文章现代诗格式

我们已经向大家介绍了 ChatGPT 的四大核心应用技巧，它的确是一款出色的 AI 辅助写作工具。然而，虽然它具有强大的能力，但我们仍然不能过分依赖它。要特别注意，ChatGPT 生成的内容可能会存在误差。因此，当我们利用 ChatGPT 修改或创造内容后，一定要进行人工的复核和修正。

虽然 ChatGPT 能够将我们的想法流畅地转化为优雅的句子，但它并未拥有人类的创造力。在使用 ChatGPT 写文章的过程中，我们的原创思想和创新灵感至关重要。我们要将自己的想法深入到 ChatGPT 的写作中，让它为我们的思想增添更丰富的细节和色彩，这样，我们与 ChatGPT 共同创作的文章才会更富深度和含金量。

第3章
Midjourney AI 绘画入门

AI绘画，从字面意思上解释，就是让人工智能进行绘画。在2023年之前，知道AI绘画的人很少。但是，2023年AI飞速发展，其能力相比以前突飞猛进，只需几个简单的提示词，AI绘画就能帮你画出堪比专业大师的作品。现在最流行的两款AI绘画工具是Stable diffusion和Midjourney，其中最容易使用的是Midjourney，本章主要讲解如何注册和使用Midjourney绘画。

3.1 了解 Midjourney AI 绘画

Midjourney 是一个在线 AI 艺术工具，基于 Discord 平台开发。它利用先进的算法和模式学习，通过与创作者的对话，生成具有同样样式的艺术图像。创作者可以通过自然语言提示词告知 Midjourney 他们想要创作何种艺术作品，然后 Midjourney 生成对应的图像，称为"prompt craft"（提示词作品）。这种工具的诞生降低了手工制作的技能要求，使得任何人都有可能成为艺术家或设计师。然而，创作者的想象力和审美判断仍然是生成图像的关键因素，因为在艺术创作中，想象力和审美是塑造和定义艺术作品的重要元素。

3.1.1 Midjourney 账号注册

在使用 Midjourney 之前，首先需要注册一个 Discord 账号，然后通过 Discord 账号登录 Midjourney 进行创作。注册账号与使用 Midjourney 的步骤如下：

Step1　登录 Midjourney 官方网站，如图 3-1 所示，点击 Join the Beta 按钮开始注册。

图 3-1　登录官网

Step2　进入注册页面之后，先输入一个自己喜欢的用户名（见图 3-2），随后确认自己是人类，如图 3-3 所示。测试通过之后，Discord 页面将会载入，在 Discord 页面需要认领自己的账号。

图 3-2　输入用户名

图 3-3　确认是人类

Step3　通过邮件来验证账号，如图 3-4 所示，当验证完成后，就会自动跳转回 Discord 平台。

Step4　回到 Midjourney 官网，点击 Sign In 按钮，随后点击"授权"按钮，如图 3-5 所示。

图 3-4　完成注册，进入认证账号页面

图 3-5　授权

Step5　点击 Purchase Plan 按钮选择自己的订阅方案，如图 3-6 所示。需要注意的是，不同的订阅方案的主要区别在于可以使用的快速时间的不同，"快速时间"指的是 Midjourney 生成图像所用的时间。以可使用 30 小时快速时间的 60 美元的订阅方案为例，可以生成 2000 ~ 3000 张图片。

Step6　选择了合适的订阅方案之后，便可以点击 Join the Discord to start creating! 链接，如图 3-7 所示，开始使用 Midjourney。

图 3-6　选择订阅方案

图 3-7　确定订阅方案

Step7　返回 Midjourney 页面后，点击加号按钮来创建自己的服务器，如图 3-8 所示；随后在选项框里选择"亲自创建"，如图 3-9 所示；接着选择"仅供我和我的朋友使用"，如图 3-10 所示；然后为自己的服务器输入想要的名字，点击"创建"按钮即可，如图 3-11 所示。

图 3-8　创建自己的服务器

图 3-9　亲自创建服务器

图 3-10　确定服务器信息

图 3-11　创建服务器

Step8　创建自己的服务器之后，点击小帆船图标进入 Midjourney 社区，如图 3-12 所示；随意选取一个 newbies 社区点击进入，如图 3-13 所示；找一个 Midjourney Bot 点击邀请它进入自己的服务器，如图 3-14 所示；点击任意的 Midjourney Bot 之后，点击"添加至服务器"按钮，如图 3-15 所示；在选框内选择自己的服务器后点击"继续"按钮，如图 3-16 和图 3-17 所示。

图 3-12　进入 Midjourney 社区

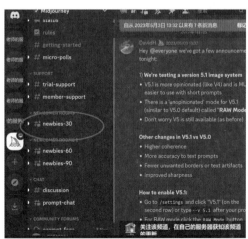

图 3-13　选取一个 newbies 社区

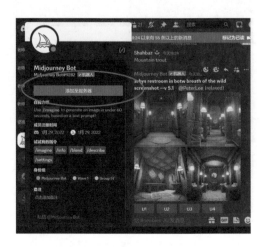

图 3-14　选择 Midjourney Bot　　　　　　　　图 3-15　添加至服务器

图 3-16　选择服务器　　　　　　　　　　　图 3-17　确定自己的服务器

Step9　随后点击"授权"按钮，如图 3-18 所示，确认自己是人类，如图 3-19 所示，授权成功后会有如图 3-20 所示的提示，就可以看到 Midjourney Bot 进入自己的服务器，如图 3-21 所示。至此，Midjourney 之旅便正式开启了。

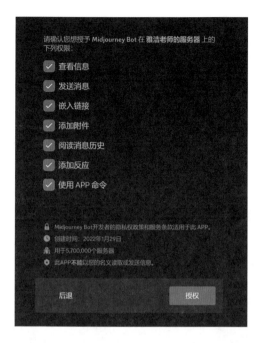

图 3-18　做授权

图 3-19　确认是人类

图 3-20　已授权提示

图 3-21　进入自己的服务器

3.1.2 玩转 Midjourney 提示词

创作者与 Midjourney 的交流，是通过提示词来实现的。

/image 指令，指的是创作者要在 Midjourney 当中创作图像，而 prompt（提示词），如图 3-22 所示，则是用来输入所要生成图像的内容、元素、灵感与基调的提示词框。

有时，很简单的提示词也可以生成绝妙的画作。以一个很简单的提示词 Warrior Husky 为例，根据这个简单的词组，Midjourney 便生成了四张不同风格的图像，如图 3-23 所示。

图 3-22　Midjourney 提示词框　　　图 3-23　简单示例

图片下方的 U1、U2、U3、U4，对应的是第 1 幅图像、第 2 幅图像、第 3 幅图像、第 4 幅图像，创作者可以根据自己的喜好来点击 4 幅图像中自己满意的一幅进行升级和增强属性。选择了图片之后，它们会重新回到算法串流当中，对于艺术创作而言，就是选择了某种概念，并开始对其增加细节。

如果对 Midjourney 这次的绘画结果都不满意，则可以点击 U4 后面的再次计算按钮来让 Midjourney 再次生成不同的 4 幅图像。创作者可以不断对 Midjourney 输入同一提示词，会得到不同的结果。这也是 AI 艺术的一个重要特征，不断地问 AI 同一个问题，然后再利用自己的审美能力，来选择最终的结果。

V1、V2、V3、V4，对应的则是生成第 1 幅图像、第 2 幅图像、第 3 幅图像、第 4 幅图像不同的变体。

在 /image 指令中，创作者输入提示词框的内容，大体上包括了三个部分：基础图片、提示词、参数。

如果想要在提示词框中输入包含这三个部分的提示词，操作步骤如下：

Step1　将素材图片传输到 Midjourney 中。点击对话框的 + 按钮，随后点击"上传文件"按钮，如图 3-24 所示，双击选取想要上传的图片素材后，按回车键将图片素材上传至 Midjourney，如图 3-25 所示，随后点击素材图片打开大图后，点击"在浏览器中打开"，如图 3-26 所示，复制素材图片在新页面中的网址后，回到 Midjourney，将网址粘贴到提示词框中，如图 3-27 所示。

图 3-24　选取想要上传的图片素材

图 3-25　图片素材上传至 Midjourney

图 3-26　在浏览器中打开图片

图 3-27　复制图片在新页面中的网址

Step2　输入提示词。在复制的素材图片的网址后面，按一个空格键之后，输入提示词，例如：warrior husky,in the style of Banksy，如图 3-28 所示。

图 3-28　输入提示词

Step3　添加参数。例如，表示长宽比的参数 --ar，表示不包含的参数 --no，表示素材图片与提示词比重的参数 --iw。

在 --ar 后面的数值代表的是创作者所设定的图像的长宽比，可以根据需要输入任意数值，例如 --ar 9:16。

在 --no 后面可以输入任何物体、元素或者颜色，例如 --no yellow。

表示素材图片与提示词比重的参数 --iw 后面的数值范围为 0 ~ 2，数值越大，即代表素材图片在生成的图像当中所占的比重越大，例如 --iw 1，如图 3-29 所示。

图 3-29　添加参数的示意

在将上述三个步骤的内容都输入到提示词框当中之后，按回车键，Midjourney 就会根据提示词框中的提示词重新生成 4 幅图片，如图 3-30 所示。

图 3-30　加参数后重新生成的图

3.2　AI 绘图 Midjourney 实战

各种元素的组合是创造艺术作品过程中的重要环节，就 Midjourney 而言，提示词组合指的是用自然语言在图像框架中安置不同的元素。

3.2.1　万能公式

使用 Midjourney 绘图的关键在于想象这幅图像的构成是什么样的，即这幅画有什么内容，然后将其用提示词的方式描述出来。一幅图像的构成，其实是有固定的公式的。接下来我们将总结一个万能公式，在后续使用 Midjourney 绘画时，可以参考如下的万能公式：

主人公 + 环境 + 风格 + 媒介 + 镜头焦距 + 色彩 + 光线 + 质量 + 参数

- 主人公：即图像的主题，例如：一只狗、一条鱼、一个小男孩、一列火车等。

- 环境：可以是地点、物件、动作等。

- 风格：即图像风格、艺术家风格等。

- 媒介：LOGO、海报、油画、雕塑、国画、照片和壁画等。

- 镜头焦距：远景、中景、近景、特写、肖像等。

- 色彩：马卡龙色系、莫兰迪色系、霓虹色等。

- 光线：强光、柔光、晨光、舞台光、伦勃朗光等。

- 质量：高清画质、8K、充满细节等。

- 参数：--ar、--seed、--s、--no 等。

例如用这个提示词：warrior Husky，in the city of future，fight posture，生成的图如图 3-31 所示。可以看出，这里指出了主人公（warrior Husky）和环境（in the city of future，fight posture）。

再加上其他设置，比如风格（ciber punk,2D）、媒介（illustration）、镜头焦距（long shot,wide angle）和 Midjourney 的版本（--v5）等参数信息，那么出来的效果如图 3-32 所示。

图 3-31　重新生成不同风格的图

图 3-32　加上其他控制参数后的图

如果进一步迭代，继续增添参数的设置，比如指定色彩（blue，orange，pink，green，grey）、光线（neon lighting）、质量（full details，8K）和其他参数（--ar 9:16 --s 650 --no yellow—v 5）等，那么输出的图如图 3-33 所示。

如果需要在许多提示词当中强调其中某一个元素，那么可以在这个元素的后面加上两个冒号，例如强调主人公则可以输入 warrior Husky::，如图 3-34 所示。

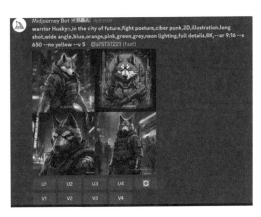

图 3-33　进一步迭代后的图　　　　　　　　图 3-34　强调某一个元素的图

3.2.2　光线、图像定位、焦距、视角、参数

掌握光线、图像定位、焦距、视角、参数等的用法，对我们使用 Midjourney 绘图的帮助是非常大的。举一个简单的例子，先在不使用任何参数的情况下生成一个图像。

在前面的案例中，我们使用的提示词都是英文，那是因为 Midjourney 在训练过程中使用的大部分语料都是英文的，因此使用英文生成的图有可能更符合我们的预期。

但是，有可能有些人英文能力不强，使用英文会有难度，这时候我们可以将中文提示词给到 ChatGPT，让它帮我们翻译成英文，如图 3-35 所示。

图 3-35　让 ChatGPT 辅助生成 Midjourney 的提示词

接下来，我们就以上面的例子为例，为大家展示设置不同的参数时的效果。

在艺术作品中，光线的作用举足轻重，在 Midjourney 中，可以利用提示词对图像光线进行布局：

- warm lighting：暖光，即火柴、蜡烛、火堆的光感。

- cold lighting：冷光，即月光、日光、灯光的光感。

- soft lighting：柔光，更加漫射、平均的高光和弱光。

- hard lighting：强光，唯一聚光、高光弱光区别明显。

- morning lighting：晨光。在摄影中，晨光被称为黄金光线。

- neon cold lighting：霓虹冷光。

- volumetric lighting：体积光线，适用于 3D 物体。

- fluorescent lighting：荧光光线。

以上是常用的光线参数。我们以"hard lighting"和"morning lighting"两种不同的光线进行对比，如图 3-36 和图 3-37 所示。我们可以根据实际的需求来更改光线，以便实现所需要的效果。

图 3-36　hard lighting 的效果

图 3-37　morning lighting 的效果

　　对比来看，不同的光线下是不是感觉不一样呢？

　　图像定位指的是主人公或者主体物将会以什么样的形式出现在 Midjourney 生成的图像中，就好比我们拍照时会有全身像、大头照、侧面照之类的选择一样。在 Midjourney 中，有如下图像定位方式的提示词：

- full body view：全身像。

- portrait：肖像。

- side view：侧面像。

- back view：后视图。

- left side view：左侧像。

- right side view：右侧像。

- 3/4 left side view：3/4 左侧像。

- 3/4 right side view：3/4 右侧像。

　　在此，还是用两个不同的提示词进行对比，来看看全身像（full body view）和侧身像（side view）这两个不同图像定位的区别，如图 3-38 和图 3-39 所示。

图 3-38　全身像

图 3-39　侧身像

在 Midjourney 中控制焦距的提示词和用专业照相机拍照设置的参数极其类似。在 Midjourney 中，也可以选择出图用远景、近景、特写还是超广角等，具体控制参数如下：

- ultra wide shot：超广角。

- long shot：远景。

- medium shot：中景。

- medium close-up：近景。

- close-up：特写。

- macroshot：微距。

- extreme close-up：极特写镜头。

在 Midjourney，还有专门控制拍摄视角的提示词，具体如下：

- low angle view：仰视，会出现由低到高的视角。

- high angle view：俯视，会出现由高到低的视角。

- eye level view：平视，日常生活的常见角度。

- aerial view：鸟瞰，由高空看向地面。

每次调整提示词的时候，都是创作者在与 Midjourney 共舞，调整提示词中的各项元素，目的就是为了让 Midjourney 生成的图像更加符合创作者的想法。在 Midjourney 中，不同的参数发挥着不同的作用，下面就是常用的参数：

- --ar：长宽比。

- --no：不包含指令，不想要出现在画面中的物体和颜色。

- --v：1 ~ 5，选择 Midjourney 的版本。

- --hd：更高质量，更多细节。

- --q：1 为默认值，2 是质量更高，这里是指导出图像的质量。

- --uplight：在表面光滑的物体上，生成图像的时间比标准时间短。

- --seed：任意数值，例如 0787，可用来控制变体图像的相似度。

- --sameseed：任意数值，例如 0933，生成的图像更为相似。

- --s：0 ~ 1000，数值越高，越能让 Midjourney 创造出它认为最具美感的图像。

- --chaos：0 ~ 100，数值越大，网格图像的多样性越大。

- --tile：创建重复的模式，可以并排、上下放置图案。

- --niji：手绘、二次元风格。

在前面的案例中，生成的都是真实风格的图像，而可设置的参数中有 --niji 这样一个参数，可以用来生成手绘风格的图像，如图 3-40 所示。

图 3-40　手绘风格的图像

在图 3-40 中可以看到，生成的图像是动漫风格的了。在使用 Midjourney 绘图的过程中，要善于使用不同的提示词、参数组合。多动手，多对比，Midjourney 才能画出让我们满意的图像。

第 4 章

ChatGPT与音频生成

随着人工智能的快速发展，AI 音频生成工具正在引起越来越多人的关注。这些工具利用深度学习模型和语音合成技术，以惊人的准确性和逼真度，生成自然流畅的语音内容。从智能语音助手到广告营销，从教育辅助到音乐创作，AI 音频生成工具正在不同领域展现出巨大的潜力和创新。

4.1　音频生成工具介绍与使用

本节将深入探索 AI 音频生成工具的世界，介绍其基本原理及使用步骤。我们将了解一些主流的 AI 音频生成工具，探讨它们的特点和适用领域、使用方法和优缺点，无论是通过输入文本、指定参数还是上传语音样本，这些工具都为用户提供了灵活的生成语音的方式。

希望大家通过对本章的阅读，能够更好地理解和应用 AI 音频生成工具，同时鼓励大家在个人或专业领域进一步探索这一神奇技术。

通过 AI 音频生成工具，人们可以实现更智能、人性化的人机交互体验。语音助手和自动语音应答系统可以提供自然流畅的语音输出，广告和营销领域可以利用生成的声音和宣传语吸引用户的注意力，教育领域可以使用工具来辅助学习和进行个性化教学，音乐创作和娱乐领域可以通过生成音乐和声音效果提升用户体验。

AI 音频生成工具在不断发展和创新，为我们带来了许多令人兴奋的可能性。未来，随着技术的进步和应用的拓展，我们可以期待更加高质量、多样化的语音合成体验，以及更广泛的应用领域。

接下来介绍现在最主流的 3 款 AI 音频生成工具。

1. 腾讯云音频合成

腾讯云音频合成是一项强大的语音合成服务，如图 4-1 所示。它提供对多种语音风格和多种方言的支持，并具有灵活的定制化选项，适用于多种场景。腾讯云音频合成使用非常简单，主要步骤如下：

1）登录腾讯云官网，进入"语音技术"控制台，并选择"合成音频"。

2）根据场景的需求，选择音色、发音人。

3）调整音量以及语速。

4）输入要合成的文字以及音频输出的格式。

图 4-1　腾讯云音频合成

2. 科大讯飞（iFlytek）语音合成

科大讯飞是中国领先的人工智能技术公司，其语音合成技术在国内应用广泛。它提供了高质量、自然流畅的中文语音合成服务，具有多种语音风格和发音选项，如图 4-2 所示。科大讯飞（iFlytek）语音合成使用起来很简单，只需按如下步骤操作即可：

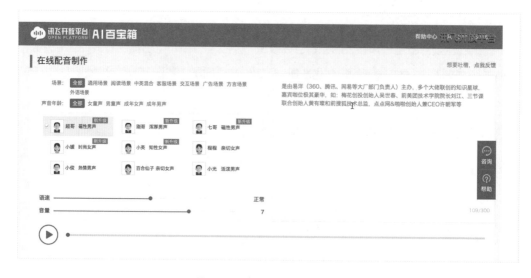

图 4-2　科大讯飞语音合成

1）在科大讯飞的开发者平台注册账号并获取 API 密钥。

2）调用相应的 API 接口，将文本作为输入发送到接口，并接收返回的语音输出结果。

3）根据需要选择语言风格、音调和速度等。

当然，科大讯飞不仅支持程序员对接口调用，还提供了在线音频合成制作功能，不懂技术也可以使用。

3. ttsmaker

ttsmaker 是一个免费的语音合成平台。它支持多种语音风格和发音效果，还支持多国语言，如图 4-3 所示。使用 ttsmaker 合成音频也很简单，只要登录官网，将文档输入，然后选择对应的音色和语言就可以了。

图 4-3　ttsmaker

本节介绍了 3 款常用的文本转语音的工具，下一节将具体介绍如何使用 ChatGPT 来生成音频小故事！

4.2　用 ChatGPT 生成小故事

随着技术的不断进步，我们不再局限于以文字形式呈现故事，而是能够将 ChatGPT 生成的文本转化为真实的语音，为听众创造更加身临其境的体验。这项技术将人工智能与创作、娱乐和教育领域巧妙地结合在一起，为我们开启了全新的可能性。

本节将详细介绍如何使用 ChatGPT 生成小故事，随后利用本章中提及的工具，为小故事生成音频。

4.2.1 提供适当的初始提示

1）确定故事的主题或背景，例如奇幻、科幻、爱情等。

2）设定故事的基本设置，如时间、地点、人物等。

3）提供一个启发性的问题或情境，以激发 ChatGPT 生成故事的创造力。

示例 1

我们的提示词见图 4-4。

 帮我写一个小故事，主题为创业，时间为20世纪初，地点：北京，人物：分别为赵凯、张楠和李煜，主要内容为三个人合伙创业，最后成功的故事

在20世纪初的北京，一个朦胧的清晨，赵凯、张楠和李煜三个年轻人站在宽阔的街道上，目光坚定而充满梦想。他们来自不同的背景，但有着共同的愿望——创业。

赵凯是一个精明而机智的年轻人，他在家族经营的小作坊中学到了不少商业技巧。张楠是一位有着艺术天赋的年轻画家，擅长创作各种精美的传统艺术品。而李煜是一位工程师，对新兴的科技和机械装置充满热情。

他们相互了解后，决定合伙创业。他们的目标是打造一家独特的工艺品店，将传统艺术与现代科技相结合，创造出与众不同的产品，吸引更多的人关注和购买。

他们租下了一间狭小而陈旧的店面，开始了他们的梦想之旅。赵凯负责店铺的运营和销售，他利用自己的商业头脑和人脉，帮助店铺获得了更多的曝光和客户。张楠全心投入到创作中，他将传统艺术的精髓与现代审美相结合，创作出了一系列令人惊叹的艺术品。而李煜则负责研发和制作创新的工艺品，他结合自己对科技的理解，设计出了许多令人叹为观止的机械装置。

他们的店铺在短短几个月内引起了巨大的轰动。赵凯的销售策略使得越来越多的人认识到了这个小小工艺品店的存在。张楠的艺术品以其独特的风格和高品质而备受赞誉。而李煜的机械装置则吸引了科技爱好者们的注意。

图 4-4 对话图 1

可以看到，第一步对话完毕，ChatGPT 已经根据要求生成了一个简短的故事，如果对故事角色之间的关系不满意，可以通过提示词对人物关系进行修改。

4.2.2　ChatGPT 的响应与用户进行交互

1）将初始提示输入 ChatGPT 模型中，生成第一段故事内容。

2）对 ChatGPT 的响应进行评估和调整，可以通过试错法或迭代的方式来改进故事的连贯性和内容质量。

3）在生成每一段故事后，提供适当的继续提示，引导 ChatGPT 在故事中发展情节。

目前我们对故事的角色关系不满意，想要进行调整，于是就开始了故事二。

示例 2

我们的提示词如图 4-5 所示。

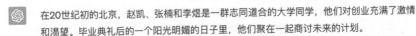

赵凯、张楠和李煜是大学同学，他们在毕业后开始合伙创业

在20世纪初的北京，赵凯、张楠和李煜是一群志同道合的大学同学，他们对创业充满了激情和渴望。毕业典礼后的一个阳光明媚的日子里，他们聚在一起商讨未来的计划。

赵凯是一个极具商业头脑和组织能力的人，他在大学期间就展现了出色的商业才华。张楠是一个天生的创意者和艺术家，他的作品总是能够引起人们的共鸣。而李煜则是一名热衷于科技和创新的工程师，他的创造力和技术能力备受赞誉。

他们共同决定合伙创业，将他们各自的优势结合起来，共同打造一家独特的公司。他们的目标是利用科技和艺术的结合，为人们提供创新的产品和服务。

创业的第一步是找到一个适合的办公空间。经过一番搜索和考察，他们最终租下了一间位于北京市中心的小型办公室。虽然简陋，但他们相信只要努力工作，一切都会有所改变。

创业初期，他们面临了许多挑战和困难。资金紧张、市场竞争激烈，但他们坚持不懈，充满了信心和毅力。赵凯负责商业策划和市场拓展，他利用自己的人脉和商业洞察力，与潜在合作伙伴建立了良好的合作关系。张楠负责产品设计和品牌推广，他的创意作品吸引了众多关注。李煜则负责技术研发和生产，他不断提升产品的技术含量和品质。

随着时间的推移，他们的公司逐渐崭露头角。他们的产品以创新和高品质而著称，逐渐赢得了客户的信任和认可。口碑的传播让他们的生意越来越好，公司也开始逐渐扩大规模。他们雇佣了更多的员工，拓展了产品线，不断开拓新的市场。

图 4-5　对话图 2

可以看到，这段故事中角色关系发生了变化，三个主角变成了大学同学，但是情节还不够丰富，因此我们继续提示，引导 ChatGPT 丰富情节。

示例 3

我们的提示词如图 4-6 所示。

> **j** 赵凯、张楠和李煜的公司主要提供人工智能服务，赵凯因为和其他两人的观念不符，选择了离开

> 赵凯、张楠和李煜共同合伙创立的人工智能公司在创业过程中取得了一定的成功。他们将人工智能技术应用于各个行业，提供智能化解决方案，受到了市场的认可和客户的青睐。
>
> 然而，在公司发展的过程中，赵凯的观念和其他两人渐渐产生了分歧。赵凯更注重商业利益和市场份额的扩大，而张楠和李煜则更加关注技术创新和产品质量。这些分歧逐渐加剧，导致他们在公司的决策和发展方向上出现了矛盾。
>
> 最终，赵凯认为公司的发展方向不符合他的期望和价值观，他做出了离开的决定。尽管这个决定对公司来说是一个巨大的变故，但赵凯和其他两人达成了友好的分手协议，并保持了良好的合作关系。
>
> 离开后，赵凯决定开始自己的创业之旅。他创建了一家专注于商业咨询和营销策略的公司，致力于帮助其他企业在市场竞争中取得优势。他凭借自己出色的商业头脑和人脉资源，很快使自己的公司在行业中崭露头角。
>
> 同时，张楠和李煜继续经营他们的人工智能公司，并将重点放在技术创新和产品质量上。他们招募了更多的人才，不断改进和升级他们的人工智能解决方案，使其更加智能化和适应市场需求。

图 4-6 对话图 3

通过更改提示词，这个故事的情节相对于上个版本来说更加曲折，趣味性也更好一些。我们可以通过提示词进一步完善剧情。

4.2.3 对话的发展和结局

1）在故事的不同阶段引入新的情节、角色或冲突，以增加故事的紧张感和吸引力。

2）通过与 ChatGPT 进行交互，共同探索故事的发展方向，并逐渐揭示故事的高潮和解决方案。

3）注意故事的节奏和情绪变化，以使故事更加引人入胜。

我们的提示词如图 4-7 所示。

张楠和李煜的公司融资遇到了困难，公司由于缺少资金难以维持下去。赵凯主动找上门，帮他们解决了融资问题。张楠和李煜非常感动

在张楠和李煜的公司融资遇到困难的时候，赵凯意识到了他们的困境，并决定主动出手帮助他们。他了解到，即使有着出色的技术和产品，缺乏资金支持也会对公司的发展造成巨大的困扰。

赵凯积极行动起来，利用自己在商业咨询领域的人脉资源，开始寻找潜在的投资者和融资渠道。他制定了详细的融资计划，并与张楠、李煜密切合作，确保他们的需求得到充分的关注。

经过一番努力，赵凯最终找到了一家对人工智能领域感兴趣的风险投资公司。他们被张楠和李煜的技术实力和市场潜力所吸引，并愿意提供资金支持，帮助他们渡过融资难关。

当赵凯将这个好消息告诉张楠和李煜时，他们感到非常感动和欣喜。他们意识到赵凯的努力和付出，以及他对公司和他们的支持。这个举手之劳的帮助不仅解决了公司融资问题，也让他们更加坚定了彼此之间的友谊和合作。

有了新的资金支持，张楠和李煜的公司迅速恢复了正常运营。他们利用这笔资金进行研发、招聘和市场推广，加速了产品的推出和市场的拓展。公司很快取得了更大的成功，并开始在人工智能行业中崭露头角。

张楠和李煜对赵凯的帮助心怀感激。他们深知赵凯是多么重视他们的创业梦想，愿意付出时间和精力来帮助他们克服困难。他们一直将赵凯视为自己的亲密伙伴和可靠的朋友。

图 4-7　对话图 4

　　到这一步，我们已经完成了使用 ChatGPT 编写故事的任务。根据上述步骤，我们可以不断调整故事，让 ChatGPT 根据不同的提示修改故事，直到达到我们满意的程度。有一点需要注意的是，ChatGPT 生成的故事有时候和我们的预期不符，要得到合格的故事，还需要我们对 ChatGPT 生成的故事进行审核以及修改。

　　ChatGPT 生成的故事是文字形式，音频的方式让故事的表达形式更加丰富，接下来，让我们看看如何将这个已经创作好的故事转换成音频形式！

4.3 将 ChatGPT 生成的小故事转换为音频

本节将详细介绍如何将 ChatGPT 创作的小故事转换为音频。

首先，为了将文本转化为声音，我们可以使用文字转语音（TTS）引擎或音频合成工具。这些工具能够将文本转换为自然流畅的语音，让故事以更生动的方式呈现。

在选择平台时，本次以讯飞开放平台作为示例，它提供了多种音频合成选项和声音效果，可以帮助我们创建出高质量的音频内容。大致的操作步骤如下：

Step1　将我们创作的故事文本输入到讯飞开放平台的文本转语音工具中。

Step2　选择合适的声音合成引擎，设置语音风格，调整语音的音调、速度和情感，使故事的表现更加生动。

Step3　文本转语音过程完成，使用平台提供的编辑和后期处理工具，对音频进行剪辑、混音并添加音效，进一步增强故事的感染力和沉浸感。

Step4　将生成的音频文件保存为常见的音频格式，如 MP3 或 WAV，以便在各种平台和设备上播放和分享。

通过上面的介绍，我们大致了解了如何使用音频工具将故事转化为令人愉悦的音频作品。

现在让我们一步一步学习如何将我们创作的故事转变为动人的音频吧！

4.3.1　选择一个音频生成方式

在讯飞开放平台上有两种生成方式：离线语音合成和在线语音合成。其中，离线语音合成这种方式，需要我们到对应平台注册账号，并且根据官方文档自己编程，在自己的程序里调取官方提供的 API，来实现文本转语音功能。调取 API 的生成方式，如图 4-8 所示。

而在线语音合成这种方式，只需要我们将文本准备好，即可在线生成音频。这里为了方便演示，选择直接在线语音合成，只要点击图 4-9 中的"点击合成"按钮，即可看到如图 4-10 所示的功能界面，在这里可以设置音频场景、声音年龄、音量大小等。

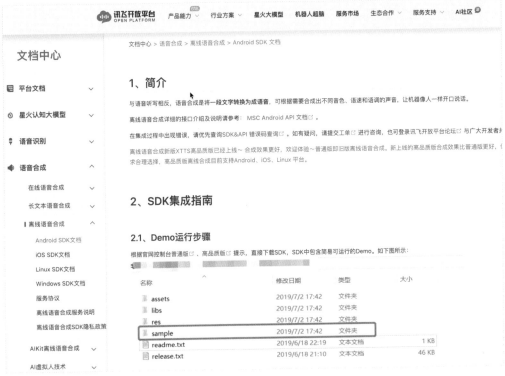

图 4-8　离线语音合成

图 4-9　在线语音合成

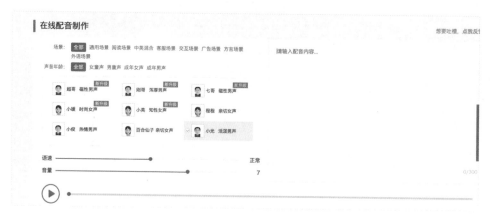

图 4-10　在线配音制作的参数界面

4.3.2　调整音频生成参数

从图 4-10 可以看到，科大讯飞提供了场景、声音年龄以及朗读角色的选择，并且还可以调整语速和音量，我们可以根据自己的喜好来做对应的调整。

由于要做故事音频，因此我们设置参数如下：

场景	声音年龄	朗读角色	语速	音量
阅读场景	成年男声	小光，活泼男声	正常	7

4.3.3　选择文本

前面已经使用 ChatGPT 写好了三人创业故事，这里为了方便演示，我们把故事二放进来，如图 4-11 所示。

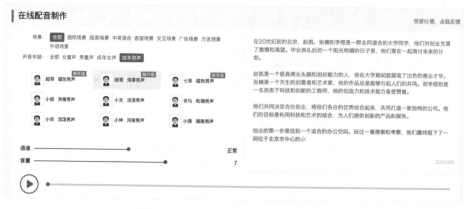

图 4-11　输入需要配音的文本内容

4.3.4　生成语音

科大讯飞的在线语音生成功能是需要付费的。不过，我们仍然可以通过在线试听来体验当前文本的音频效果。只需点击播放按钮，即可立即试听生成的音频。如果我们对音频效果感到满意，可以提交订单并导出相应的音频文件！在试听的过程中，我们可能还会发现一些非常适合的背景音乐，从而进一步提升音频的体验。

当然，我们还可以选择通过 API 的方式开发自己的程序，以实现自定义的音频生成。这种方式更加灵活，让我们能够掌控生成音频的整个过程。

无论选择哪种方式，使用音频工具将故事转化为音频形式都是可行的。它能够为我们的故事增添声音和情感，让听众获得更加身临其境的体验。让我们在创作的过程中选择适合自己的方式，并尽情探索音频工具所带来的乐趣和创作潜力吧！

本章讲解了如何使用 ChatGPT 生成音频小故事。我们了解了初始提示的重要性，如何与 ChatGPT 进行交互以发展故事情节，同时也了解了如何结合音频工具，将生成的文本转化为令人愉悦的音频。

使用 ChatGPT 生成音频小故事不仅仅是一种娱乐方式，还具有广泛的潜在应用。在教育领域，它可被用于儿童故事、语言学习和教学资源的创作。在虚拟角色和游戏开发中，它可以为虚拟角色赋予生动的对话和个性。此外，它还可被用于创造性写作、声音艺术和广播剧等领域。

第 5 章
ChatGPT 与视频创作

无论是娱乐、教育，还是商业宣传，我们都越来越依赖视频来传递信息。而制作精美的视频则需要一定的技术和时间。因此，AI 视频制作工具应运而生，它们通过自动化处理，降低了视频制作的门槛，使更多的人能够轻松地制作出高质量的视频。本章将介绍一些主要的 AI 视频制作工具，以及它们的使用方法。

5.1　了解常用的 AI 视频制作工具

以下是对国内外主流的 AI 视频制作工具的概括性讲解，让你能全面了解各工具有哪些特点。

1. 腾讯智影

腾讯智影是一款云端智能视频创作工具，也是集素材搜集、视频剪辑、渲染导出和发布于一体的免费在线剪辑平台，支持文本配音、数字人播报、自动字幕识别、文章转视频、去水印、视频解说、横转竖等功能，拥有丰富的素材库，可极大提升创作效率和质量。

2. 剪映

剪映是由字节旗下的脸萌科技推出的一款视频编辑软件。该软件的特色在于操作简便、功能强大，并兼容 iOS 和 Android 手机端、Windows 和 Mac 电脑端及网页版在内的全部平台，用户无须具有专业的视频编辑技能就能制作出效果很好的视频。

3. 一帧秒创

一帧秒创是基于秒创 AIGC 引擎的智能 AI 内容生成平台，为创作者和机构提供 AI 生成服务，包括文字续写、文字转语音、文生图、图文转视频等创作服务。一帧秒创通过对文案、素材、AI 语音、字幕等进行智能分析，快速成片，零门槛创作视频。

其主要功能有图文转视频、智能语义分析、智能配音、智能字幕、私有素材库等。

4. 万彩微影

万彩微影是一款 AI 智能短视频制作软件，可以让用户在电脑上轻松制作出各种风格的短视频。

其主要功能有真人手绘视频、文字转视频、制作编辑等。用户可以选择不同的模板和素材，或者上传自己的图片和音乐，然后通过简单的拖曳和调整，生成高质量的短视频。

5. Synthesia

Synthesia 是世界排名第一的 AI 视频创作平台。超过 5 万个团队使用它来大规模制作专业视频，节省了 80% 的预算。Synthesia 在 15 分钟内即可制作专业视频。可使用 120 多种语言输入文本，无须设备或视频编辑技能。

其主要功能有在线视频生成器、文字转视频、数字人头像和配音、多种语言和口音。

6. FlexClip

FlexClip 是一个非常好的免费 AI 视频生成器。它使用起来非常简单，很像在 Canva 中工作，有来自菜单边栏的可搜索选项、模板，并可进行简单的自定义。

其主要功能有视频编辑器工具、视频制作工具、视频转换和调整大小工具、屏幕录像机、动图制造商、数千个视频模板、广泛的免版权图像、音乐 / 音频和股票视频素材库、自定义品牌选项。

7. Designs.ai

Designs.ai 是一款创意 AI 软件，可以使用它来做很多事情，从创建徽标和品牌图形到从文本和预制模板创建视频。其主要功能有广泛的免费图片和视频库、文本到视频和视频模板、具有多种声音和口音的 AI 画外音、人工智能标志制造商、人工智能设计制造商、人工智能语音制作器。

8. Lumen5

Lumen5 是一款能够根据给出的博客文章或脚本自动创建视频的工具。用户可以选择一种主题和格式，然后 Lumen5 会自动提取关键信息并生成视频。

5.2　主流工具使用

本节主要讲解腾讯智影中的 AI 智能工具的使用方法，图 5-1 是其网页版的首页图，我们侧重讲解数字人播报、文本配音、文章转视频和智能抹除这几个功能。

图 5-1　腾讯智影网页版

5.2.1　虚拟数字人工具

在腾讯智影的首页，点击"数字人播报"，进入数字人选择页，其中会显示热门模板、2D 数字人和 3D 数字人供用户挑选。热门模板中会有各种类型和风格的模板，可以结合具体需求来挑选 2D 和 3D 数字人形象，如图 5-2 所示。

图 5-2　数字人选择页

在选择完数字人后，会跳转到数字人编辑页，如图 5-3 所示，红色区域是具体的功能选择区，你可以编辑背景、选择配乐、挑选在线素材和增加贴纸等。黄色区域是选择具体功能后的添加和编辑区。例如，当在红色区域选择"数字人编辑"时，黄色区域就会显示"数字人"相关的添加和编辑操作，你可以选择合适的数字人形象，然后添加视频的文本。

图 5-3　数字人编辑页

5.2.2　文本配音工具

在腾讯智影的首页，点击"文本配音"，进入文本配音选择页，如图 5-4 所示。如果你有定制化需求，可点击右上角的"定制专属角色"按钮进行定制化的制作。如果没有，点击"新建文本配音"就会进入文本配音编辑页。

图 5-4　文本配音选择页

在进入文本配音编辑页时，会马上显示一个音色选择页的弹窗，你可以选择一个合适的音色，然后点击右下角的"确定"按钮，如图 5-5 所示。

图 5-5　音色选择页

在选择音色后，回到文本配音编辑页，输入要转化的文本内容，添加背景音乐，再试听效果，确认无误后，点击右上角的"生成音频素材"按钮就能生成一份文本配音音频文件，如图 5-6 所示。

图 5-6　文本配音编辑页

5.2.3　文章转视频工具

在腾讯智影的首页，点击"文章转视频"，就会进入文章转视频编辑页。在红色区域输入文章的主题或标题，然后点击"AI 创作"按钮，就会自动生成黄色区域的文章内容；如果觉得字数太少，继续在红色区域点击"扩写至 800 字左右"，点击"AI 创作"按钮，就会得到新生成的文章内容了。接下来，你可以在右侧的绿色区域选择成片类型、视频比例、背景音乐和音色，也可以设置数字人播报。最后，点击"生成视频"按钮，就可以得到相应主题的一个视频。具体的编辑页面如图 5-7 所示。

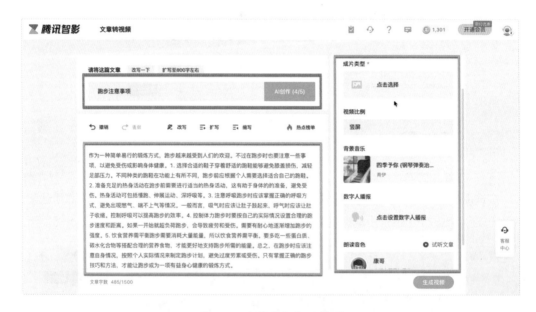

图 5-7　文章转视频编辑页

5.2.4　智能抹除工具

在腾讯智影的首页，点击"智能抹除"进入智能抹除选择页，如图 5-8 所示。可选择"我的资源"中已有的视频或本地上传的视频。

在选择完视频后，会进入智能抹除编辑页，如图 5-9 所示。其中紫色的框用来标记要去掉的字幕区域，绿色的框用来标记需要去掉的水印区域。点击"确定"按钮，就会生成一个抹除字幕和水印的文件。

图 5-8　智能抹除选择页

图 5-9　智能抹除编辑页

以上是腾讯智影主要的 AI 智能工具使用方法的介绍，除此之外，还有字幕识别、视频审阅、视频解说、智能变声等功能，这里就不一一介绍了，如果你对这些功能感兴趣，可去腾讯智影官网学习和实践。

AI 视频制作工具无疑改变了视频制作行业。它们通过自动化处理，使视频制作变得更加容易，更加快速。无论你是专业的视频制作人员，还是只想为你的社交媒体创建一些内容，这些工具都能为你提供极大的帮助。希望通过阅读本节内容，你能找到适合自己的 AI 视频制作工具，开始你的视频创作之旅。

5.3　用 ChatGPT 创作短视频

短视频已成为人们获取信息、娱乐休闲的重要方式。如果你也想要制作短视频，但又缺少创作灵感，或者在编写脚本时感到困扰，接下来了解一种新的方法：使用强大的人工智能工具 ChatGPT 来帮助你完成短视频的创作。下面将通过确定短视频类型和主题、使用 ChatGPT 生成短视频标题、使用 ChatGPT 生成脚本、创作短视频四个步骤进行详细的介绍。我相信，通过接下来的学习，你也能轻松掌握制作短视频的技巧。

5.3.1　确定短视频类型和主题

无论是写作、绘画还是制作短视频，一个清晰的规划都是至关重要的。在任何创作过程中，首先要明确的都是目标和主题。如果你暂时还没有想到明确的方向，可以先向 ChatGPT 提问："请给我一些短视频主题的建议"，ChatGPT 会根据相对热门的分类列出短视频主题的建议，示例如图 5-10 所示。

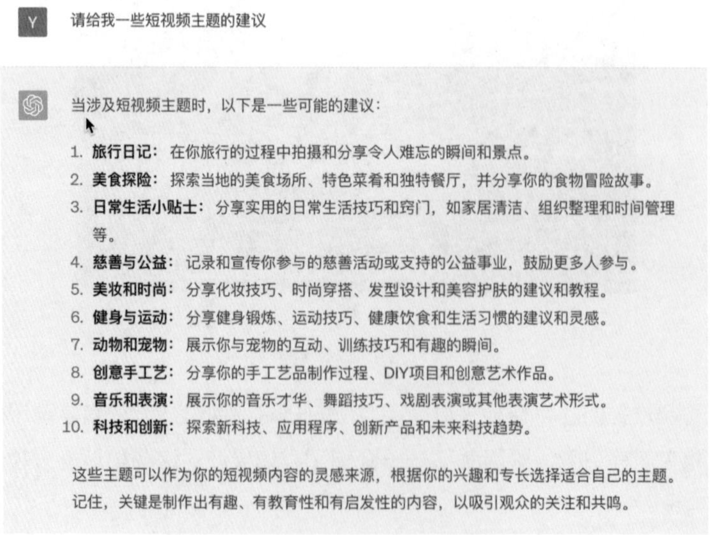

> Y　请给我一些短视频主题的建议

> 当涉及短视频主题时，以下是一些可能的建议：
>
> 1. **旅行日记**：在你旅行的过程中拍摄和分享令人难忘的瞬间和景点。
> 2. **美食探险**：探索当地的美食场所、特色菜肴和独特餐厅，并分享你的食物冒险故事。
> 3. **日常生活小贴士**：分享实用的日常生活技巧和窍门，如家居清洁、组织整理和时间管理等。
> 4. **慈善与公益**：记录和宣传你参与的慈善活动或支持的公益事业，鼓励更多人参与。
> 5. **美妆和时尚**：分享化妆技巧、时尚穿搭、发型设计和美容护肤的建议和教程。
> 6. **健身与运动**：分享健身锻炼、运动技巧、健康饮食和生活习惯的建议和灵感。
> 7. **动物和宠物**：展示你与宠物的互动、训练技巧和有趣的瞬间。
> 8. **创意手工艺**：分享你的手工艺品制作过程、DIY项目和创意艺术作品。
> 9. **音乐和表演**：展示你的音乐才华、舞蹈技巧、戏剧表演或其他表演艺术形式。
> 10. **科技和创新**：探索新科技、应用程序、创新产品和未来科技趋势。
>
> 这些主题可以作为你的短视频内容的灵感来源，根据你的兴趣和专长选择适合自己的主题。记住，关键是制作出有趣、有教育性和有启发性的内容，以吸引观众的关注和共鸣。

图 5-10　短视频主题建议示例

除此之外，你也可以向 ChatGPT 提供初始的方向性关键词，比如你目前从事的职业、你擅长的技能或者你的兴趣爱好，然后询问它关于这些的短视频主题建议。ChatGPT 会结合你的输入，为你提供一系列的主题建议，激发你的创作灵感，示例如图 5-11 和图 5-12 所示。

Y　我是一名研发工程师，请给我一些短视频主题的建议

作为一名研发工程师，以下是一些针对你的短视频主题建议：

1. **创新科技产品介绍**：分享你参与开发的新科技产品，介绍其功能、优势和应用领域。
2. **技术教程和解说**：提供简明扼要的技术教程，如编程语言、软件开发工具或硬件设备的使用指南。
3. **科技趋势与前沿技术**：分享你对当前科技趋势和前沿技术的见解和分析，例如人工智能、物联网、区块链等。
4. **解决方案演示和案例分析**：展示你参与开发的解决方案，演示其实际应用场景和效果，以及客户案例分析。
5. **产品设计与创意思维**：分享产品设计的思路、创意方法和实践经验，以及如何将创意转化为实际产品。
6. **工程项目管理**：提供工程项目管理的技巧、工具和实践经验，帮助他人更好地组织和管理项目。
7. **行业动态和趋势解读**：分析和解读你所在行业的动态、趋势和发展方向，为观众提供行业洞察和思考。
8. **问题解决和疑难技术解答**：回答观众关于特定技术问题或难题的疑问，提供解决方案和实用建议。
9. **创业经验与企业文化分享**：分享你参与创业的经历、故事和企业文化，鼓励和启发有志于

图 5-11　研发工程师短视频主题建议

Y　我是一名美食爱好者，偏向健康饮食，请给我一些短视频主题的建议

作为一名健康饮食的美食爱好者，以下是一些针对你的短视频主题建议：

1. **快速健康早餐**：分享制作快速、营养丰富的健康早餐的食谱和制作过程。
2. **美味素食料理**：探索各种美味的素食食谱和创意素食料理的制作方法。
3. **季节性菜肴**：根据不同季节的时令食材，分享制作健康美味的季节性菜肴的独特方法。
4. **健康沙拉创意**：提供各种健康沙拉的创意配方和装饰技巧，使沙拉变得更加美味和吸引人。
5. **蔬果创新搭配**：探索蔬果的搭配方式，展示如何将它们组合成美味而营养的餐点或小吃。
6. **健康零食制作**：分享制作健康的零食选择，如能量球、果干、混合坚果等，适合随时享用。
7. **营养午餐盒子**：提供健康营养的午餐盒子的构想和制作方法，适合带到工作或学校。
8. **健康甜点烘焙**：探索制作健康烘焙甜点的配方和技巧，如低糖、无麸质或素食甜点。
9. **全球美食健康版**：以健康的方式重新演绎各国美食，提供更加营养和均衡的健康版本。
10. **饮食习惯与健康生活**：分享健康饮食的重要性、营养需求和养成良好饮食习惯的建议和提示。

图 5-12　美食爱好者短视频主题建议

通过不断地向 ChatGPT 提问获取更多的短视频建议，最终你可以找到一个符合自己要求的短视频的分类和主题。

5.3.2 使用 ChatGPT 生成短视频标题

在确认分类和主题后，下一步是生成吸引人的短视频标题。短视频标题在吸引观众、传达主要内容、提高搜索引擎排名和增加视频分享等方面起着重要作用。一个有吸引力的标题能够激发观众点击的兴趣，准确地描述内容则能预设观众的期望。合适的关键词可以提升搜索引擎优化效果，而有趣或富有启发性的标题则更容易在社交网络中传播，从而扩大短视频的影响力。对于普通人来说，想出一个好标题并非易事，但现在你可以直接向 ChatGPT 提问，让它帮你生成一些供你选择的标题。

举个例子，假设你对健康饮食有过研究，也非常感兴趣，选择"健康美食"作为你的短视频类型。你想制作的第一个短视频以"快速健康早餐"为主题，此时，你可以向 ChatGPT 提问，之后将会得到 ChatGPT 给你的一些关于标题的建议，示例如图 5-13 所示。

我想要制作一个以"快速健康早餐"为主题的短视频，帮我取一些短视频的标题

当制作以"快速健康早餐"为主题的短视频时，以下是一些标题建议：

1. "5分钟内打造的营养早餐盛宴"
2. "早上零厨艺也能吃得健康"
3. "健康早餐瞬间享受"
4. "美味与健康的完美结合：快速早餐创意"
5. "快速早餐菜谱大公开"
6. "轻松迎接新的一天：快速健康早餐指南"
7. "早晨的能量之源：健康快速早餐惊喜"
8. "简单食材，精致早餐：快速健康选择"
9. "快速早餐美食探索：品味健康的味蕾享受"
10. "享受早晨，呵护身体：快速健康早餐秘籍"

这些标题旨在吸引观众对快速健康早餐的兴趣，强调美味和健康的结合，同时提供创意和简便的解决方案。希望这些建议能为你的短视频提供一些灵感！

图 5-13 短视频标题建议示例 1

如果你觉得这些标题缺乏吸引力，可以继续让 ChatGPT 帮你优化，示例如图 5-14 所示。

Y　以上标题缺少吸引力，帮我优化下

⊕　当制作以"快速健康早餐"为主题的短视频时，以下是经过优化的一些具有吸引力的标题建议：

1. "5分钟内打造的饕餮早餐盛宴，告别乏味早餐！"
2. "早上零厨艺，惊艳你的味蕾！尝鲜快速健康早餐！"
3. "健康早餐瞬间享受，充满能量迎接新的一天！"
4. "美味与健康的完美结合：快速早餐创意引爆味蕾！"
5. "快速早餐菜谱大公开，美味与健康的完美融合！"
6. "轻松迎接新的一天：快速健康早餐指南启动活力！"
7. "早晨的能量之源：健康快速早餐惊喜解锁好心情！"
8. "简单食材，精致早餐：快健康选择让你成为美食家！"
9. "快速早餐美食探索：品味健康的味蕾享受，犒赏自己！"
10. "享受早晨，呵护身体：快速健康早餐秘籍点燃活力！"

这些优化后的标题突出了美味和健康的结合，同时强调了吸引观众的元素，如惊艳味蕾、尝鲜、引爆味蕾、解锁好心情等。希望这些标题能更吸引观众点击和观看你的短视频！

图 5-14　短视频标题建议示例 2

从图 5-14 中的生成结果可以明显看出，优化后的标题比初始版本更加吸引人。如果你有其他特定的条件或要求，也可以向 ChatGPT 提出，它将为你生成一批符合要求的标题，例如，一般数字在标题中的使用可以吸引观众、提供明确信息、简化内容，并增加可分享性，有助于提高短视频的曝光和吸引力，你可以像图 5-15 这样向 ChatGPT 提问。

Y　我是一名健身达人，帮我生成一些具有吸引力的短视频的标题，且标题需要带有数字

⊕　当涉及到健身短视频的标题时，以下是一些带有数字且具有吸引力的标题建议：

1. "7分钟高强度训练，挑战你的极限"
2. "5种核心训练动作，打造坚实腹肌"
3. "10分钟燃脂HIIT，快速瘦身计划"
4. "6个臀部锻炼，塑造完美曲线"
5. "30天拉伸挑战，增强灵活性与身体平衡"
6. "8周健身计划，全面塑造壮硕体态"
7. "3分钟快速增肌，肌肉爆发力训练"
8. "12种无器械锻炼，打造紧致身体"
9. "21天健康饮食挑战，摆脱不健康习惯"
10. "9个腿部锻炼，塑造结实大腿和紧致臀部"

这些标题通过数字呈现出具体的锻炼时间、动作数量或挑战周期，同时强调吸引观众的关键词，如高强度、燃脂、挑战和塑造。希望这些标题能为你的健身短视频提供一些启发和灵感！

图 5-15　短视频标题建议示例 3

5.3.3　使用 ChatGPT 生成脚本

在短视频创作过程中，脚本起着至关重要的作用，它为短视频提供明确的方向和详细描述，提高制作效率，节省时间和资源。然而，对于普通人来说，生成吸引人且符合视频主题的脚本是一项具有挑战性的任务，需要具备一定的创意和写作技巧。对于没有经验或不熟悉脚本撰写的人来说，可能会感到困惑和不知从何开始。

在这种情况下，可以轻松地向 ChatGPT 提问，并获得关于脚本的建议、创意和指导。它能够帮你提供不同场景的对话、角色的台词、情节的发展等，为你快速提供多种选项和灵感。这使得脚本编写过程更加高效，使你能够更好地实现你的短视频创作目标。

假如选择"快速早餐菜谱大公开，美味与健康的完美融合！"作为短视频标题，你可以继续向 ChatGPT 提问，让其帮你编写短视频的脚本，示例如图 5-16 所示。

以"快速早餐菜谱大公开，美味与健康的完美融合！"为标题，使用第一人称，帮我编写短视频脚本

标题：快速早餐菜谱大公开，美味与健康的完美融合！

场景一：厨房

我站在光线明亮的厨房，欢迎大家来到我的美味早餐秘笈！今天，我将与大家分享三款快速早餐菜谱，它们是美味与健康的完美融合！

镜头切换：显示食材和工具

首先，我们来看看食材准备。我们需要有机鸡蛋、新鲜蔬菜、健康的全麦面包、新鲜水果，以及橄榄油和香料。此外，我们还需要平底锅、切菜板和搅拌碗。

场景二：菜谱——蔬菜煎蛋三明治

我拿起切好的蔬菜和鸡蛋，开始制作我们的第一道菜——蔬菜煎蛋三明治。首先，在搅拌碗中打入鸡蛋，加入少许盐和胡椒，充分搅拌。

镜头切换：展示煎蛋和切菜

接着，我将锅加热，倒入少许橄榄油，将切好的蔬菜放入锅中翻炒片刻。然后，将搅拌好的鸡蛋液倒入锅中，轻轻摊成蛋皮。再把蛋皮和炒好的蔬菜夹在全麦面包中，一份美味又健康的蔬菜煎蛋三明治就完成了！

图 5-16　短视频脚本示例 1

当你得到了生成结果后，虽然 ChatGPT 生成的脚本通常会很好，但是最好自己再过一遍，以确保它符合你的需求。如果觉得有不满意之处，可以继续让 ChatGPT 帮你优化，如图 5-17 所示。

> *j*　以上脚本有点平淡，缺少吸引力，帮我优化下

标题：美味早餐秘笈揭密！快手制作，鲜香美味，健康生活必备！

场景一：厨房

（欢快的音乐响起，我站在明亮的厨房，眉飞色舞地打招呼）

我来啦！今天给大家带来三款超级吸引人的快速早餐菜谱，保证让你早上一秒钟都不愿浪费！

镜头切换：展示食材和工具

首先，看看我们的强大阵容！新鲜有机鸡蛋，色彩缤纷的蔬菜，松脆健康的全麦面包，还有甜蜜多汁的新鲜水果，统统都准备好了！快快准备你的平底锅、切菜板和搅拌碗，和我一起来开启美味与健康的完美融合之旅！

场景二：菜谱一——蔬菜煎蛋三明治

（热闹的音乐伴随着我动作的流畅展示）

首先登场的是我们的招牌菜——蔬菜煎蛋三明治！蛋香与蔬菜的完美结合，简直是味蕾的极致享受！让我们把鸡蛋打入搅拌碗，轻轻加入香料、盐和胡椒调味，然后兴奋地搅拌均匀。

镜头切换：展示煎蛋和切菜

接下来，在炙热的锅里滴上几滴橄榄油，把新鲜蔬菜倒进去炒出香气。随后，把美味的鸡蛋液轻轻倒入锅中，煎至金黄饼状。再夹入松软全麦面包之间，一口咬下去，绝对是绝妙的味蕾盛宴！

图 5-17　短视频脚本示例 2

5.3.4　创作短视频

有了脚本之后，最后一步就是视频拍摄和剪辑了。你可以使用手机自带相机和市场上流行的剪映、快手、腾讯智影等短视频软件进行拍摄和剪辑。如果你是专业摄影人士或对视频有特别要求，选择专业相机来拍摄也是一个不错的选择。

接下来，主要介绍如何使用剪映来制作视频。我们知道剪映是一款手机视频编辑剪辑应用，如图 5-18 所示。它拥有全面的剪辑功能，支持变速、倒放、画布、转场、贴纸、字体、曲库、变声、滤镜、美颜等功能，还支持色度抠图、曲线变速、视频防抖、图文成片等高级功能。它可以让你轻松地制作出各种风格和主题的短视频。无论是生活记录、旅行分享、美食教程、创意特效，还是卡点视频、同款视频、图文视频，都可以在剪映中实现。

使用剪映创作视频的过程也很简单。首先安装并打开剪映软件，点击“创作脚本”按钮打开相应的脚本填写网页，把之前通过 ChatGPT 生成的脚本复制并填写好，添加已拍摄的视频片段，完成后点击右上角的“导入”按钮，如图 5-19 所示。

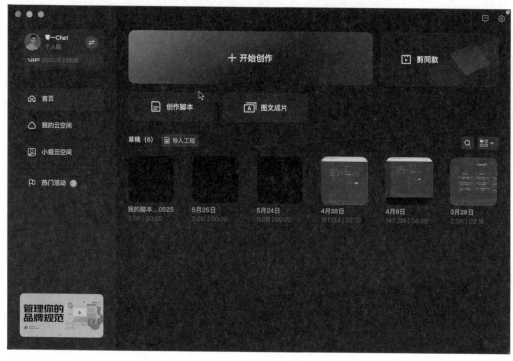

图 5-18　电脑版剪映

图 5-19　脚本编辑网页

在将视频和脚本导入后，你需要开始编辑视频，图 5-20 红框标记的区域是可以新增视频、音频、文本、特效、转场等功能的，而中间绿色区域标记的是预览及调节视频比例功能，如果想使用手机制作短视频，可以选择 9∶16；左侧黄色区域是针对下方紫色区域选中的模块进行调整的。例如，对于文本，你可以调整文字样式、添加文字的动画等；在下方的紫色区域中可以对视频进行分割，调整文案显示长度，设置封面页等。在完成视频的编辑后，点击右上方的"导出"按钮，一条完整的短视频就生成好了。

图 5-20　剪映编辑页

通过以上内容，我们掌握了使用 ChatGPT 制作短视频的技巧和知识。现在是时候将这些学到的东西付诸实践了！将 ChatGPT 作为得力助手，你可以轻松地生成吸引人的标题，优化脚本，甚至获得创意和指导。这个强大的工具将为你的创作过程提供帮助，提升你的创作效果并节省宝贵的时间。现在，拿起你的相机或手机，投入到创作的过程中吧！

第6章

ChatGPT 与
虚拟数字人

在虚拟世界里，我们看到了一种全新存在——虚拟数字人，它们由计算机图形学、图形渲染、动作捕捉、深度学习、语音合成等技术相结合而生，展现出人类特征，如外貌、表演能力、交互能力等。这些数字产品，在市场上的称呼五花八门，有虚拟形象、虚拟人、数字人等，而在具体应用上，你可以在虚拟助手、虚拟客服、虚拟偶像/主播等角色中看到它们的身影。

6.1　虚拟数字人制作平台介绍与使用

虚拟数字人的理论和技术逐渐成熟，应用范围不断扩大，产业正在逐步形成、不断丰富，商业模式也在持续演进和多元化，这也催生出了一批提供虚拟数字人的创建、管理、驱动和应用的软件服务平台，如百度智能云、阿里云、硅基智能、风平智能、来画、D-ID、HeyGen、Kreadoai 等。

6.1.1　常见虚拟数字人制作平台

这里我们主要关注面向个人和小型团队的制作平台，也就是 to C(to consumer) 平台。当然，to B(to business) 平台（面向企业的制作平台）也有很多值得参考的地方，比如阿里云和百度智能云也提供 to B 的服务。

百度智能云： 提供了一站式的虚拟数字人解决方案，包括数字人形象定制、语音合成、语音识别、自然语言处理、人脸识别等多项技术。支持免费试用，但需要申请开通。优点是功能全面，技术成熟，可以满足多种场景的需求。缺点是定制化程度较低，操作界面不够友好，需要一定的技术基础。

阿里云： 提供了基于深度学习的虚拟数字人服务，包括数字人形象生成、语音合成、语音识别、自然语言理解等多项技术。支持免费试用，但需要注册账号。优点是功能强大，技术先进，可以实现高度逼真的数字人效果。缺点是价格较高，定制化程度较低，需要一定的技术基础。

硅基智能： 提供了基于 AI 的虚拟数字人平台，包括数字人形象生成、语音合成、语音识别、自然语言理解等多项技术。支持免费试用，但需要注册账号。优点是功能丰富，技术创新，可以实现多样化的数字人风格。缺点是价格较高，稳定性较差，需要一定的技术基础。

风平智能： 提供了基于 AI 的虚拟数字人平台，包括数字人形象生成、语音合成、语音识别、自然语言理解等多项技术。支持免费试用，但需要注册账号。优点是功能简单，技术可靠，可以实现快速的数字人制作。缺点是功能较少，技术较旧，无法实现高度逼真的数字人效果。

来画： 提供了基于 AI 的虚拟数字人平台，包括 AI 口播视频、数字人直播、超写实数字人定制、AI 绘画等多项技术。支持免费试用，但需要注册账号。优点是功能多样，技术前沿，可以实现创意无限的数字人应用。缺点是价格较高，稳定性较差，需要一定的创作能力。

D-ID： 提供了基于 AI 的虚拟数字人平台，包括视频重建、视频编辑、视频合成等多项技术。

支持免费试用，但需要注册账号。优点是功能专业，技术领先，可以实现高品质的视频内容生成。缺点是价格较高，操作复杂，需要一定的视频制作能力。

HeyGen：提供了基于 AI 的虚拟数字人平台，包括数字人形象生成、语音合成、语音识别、自然语言理解等多项技术。支持免费试用，但需要注册账号。优点是功能易用，技术稳定，可以实现便捷的数字人交互。缺点是无法实现高度逼真的 3D 数字人效果，需要一定的创作能力。

Kreadoai：提供了基于 AI 的虚拟数字人平台，包括数字人形象生成、语音合成、语音识别、自然语言理解等多项技术。支持免费试用，但需要注册账号。优点是功能丰富，技术创新，可以实现个性化的数字人定制。缺点是价格较高，稳定性较差，需要一定的创作能力。

为了便于比较，我们将以上提及的数字人产品整理成表 6-1，以供比较。

表 6-1　数字人产品

服务商	优点	缺点
百度智能云	功能全面，技术成熟，可以满足多种场景的需求	定制化程度较低，操作界面不够友好，需要一定的技术基础
阿里云	功能强大，技术先进，可以实现高度逼真的数字人效果	价格较高，定制化程度较低，需要一定的技术基础
硅基智能	功能丰富，技术创新，可以实现多样化的数字人风格	价格较高，稳定性较差，需要一定的技术基础
风平智能	功能简单，技术可靠，可以实现快速的数字人制作	功能较少，技术较旧，无法实现高度逼真的数字人效果
来画	功能多样，技术前沿，可以实现创意无限的数字人应用	价格较高，稳定性较差，需要一定的创作能力
D-ID	功能专业，技术领先，可以实现高品质的视频内容生成	价格较高，操作复杂，需要一定的视频制作能力
HeyGen	功能易用，技术稳定，可以实现便捷的数字人交互	无法实现高度逼真的 3D 数字人效果，需要一定的创作能力
Kreadoai	功能丰富，技术创新，可以实现个性化的数字人定制	价格较高，稳定性较差，需要一定的创作能力

除了以上介绍的平台，还有很多新推出或者即将推出的虚拟数字人制作平台，这里就不逐一介绍了。

6.1.2　使用 HeyGen 制作虚拟数字人

前面简单介绍了虚拟数字人的制作平台，那么如何使用这些平台来制作一个自己的虚拟数字人呢？

　　首先，在制作自己的虚拟数字人之前，你需要确定自己想要的虚拟数字人形象，这里可以使用 Midjourney、Stable Diffusion 等 AI 绘画工具给自己设计一个虚拟数字人形象，或者选择一张自己的照片也可以。

　　人物需要是正面肖像、五官清晰完整、背景不要过于杂乱，确定好虚拟数字人形象后，登录一个虚拟数字人制作平台，如图 6-1 所示。

图 6-1　HeyGen

　　注册一个 HeyGen 账号，登录后进入界面，这里有三种方式可以生成虚拟数字人，第一种方式是选择上传之前设计好的虚拟数字人形象或者自己的照片，如图 6-2 所示。

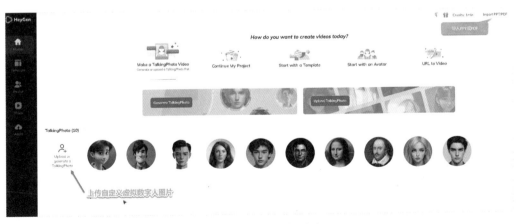

图 6-2　上传人物图片

第二种方式是在下方挑选一个平台提供的角色来生成虚拟数字人，如图 6-3 所示。

图 6-3　平台角色

第三种方式是通过文字描述由 AI 来制作一个虚拟数字人。重复点击右下角的 Generate 按钮不断生成虚拟数字人（见图 6-4），直到挑中一个喜欢的，然后点击 Save 按钮保存。

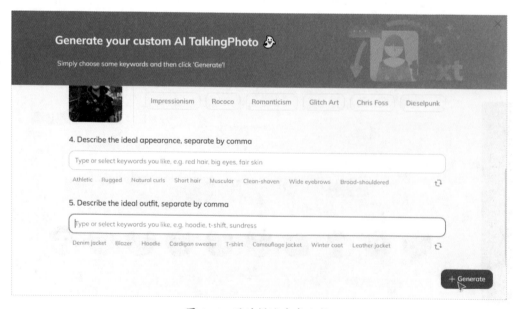

图 6-4　通过描述生成人物

　　当确定好需要使用的虚拟数字人后，还能对其进行自定义编辑，这里我们以第一种上传图片的方式为例进行介绍。点击上传人物图片左下方的编辑按钮，如图 6-5 所示。

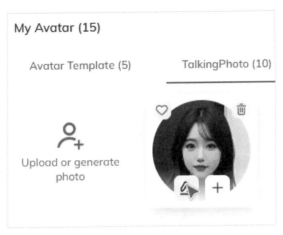

图 6-5　自定义人物

　　进入自定义编辑页面后，可以在右边的菜单栏里调整虚拟数字人的各种参数，包括调整人物的大小，头像的样式，人物口播的语言、语音、语调，等等，如图 6-6 所示。当这些都设置结束，我们就完成了虚拟数字人的制作。

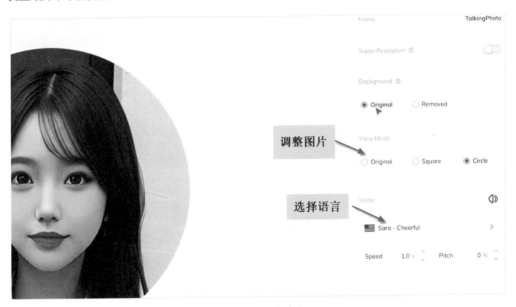

图 6-6　调整参数

接下来我们回到主页面，如图 6-7 所示，点击右上角的 Create Video 按钮就可以制作数字人视频了。

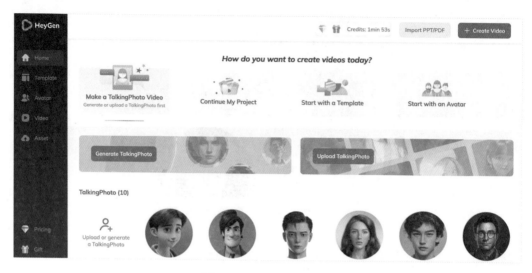

图 6-7　HeyGen 主页面

点击 Create Video 按钮，可以看到如图 6-8 所示的界面，在左侧的 Pick on avatar 区域，点击我们的虚拟人物形象，中间的内容区域就会出现我们的虚拟人物。这时只需要在 Text Script 或者 Audio Script 区域输入需要虚拟人口播的内容，然后点击 Submit 按钮即可。

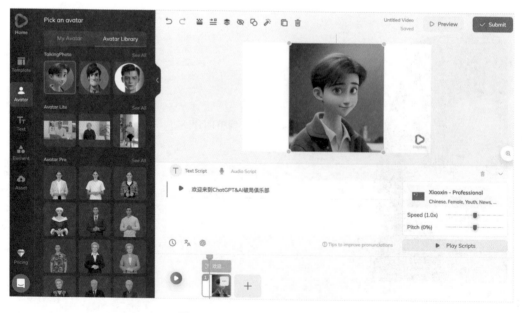

图 6-8　HeyGen 视频创作页面

提交后，可以看到一个弹出框，提示我们制作数字人视频还剩余多少额度，HeyGen 比较直观，直接展示剩余多少分钟，如图 6-9 所示。

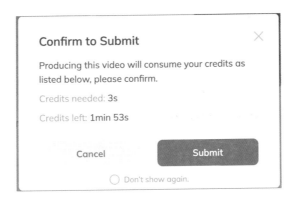

图 6-9　提示信息

可以看到，提示中告诉我们需要消耗多少时间和剩余多少时间，点击 Submit 按钮后，我们的数字人视频就进入制作了（见图 6-10），接下来需要的就是耐心等待。

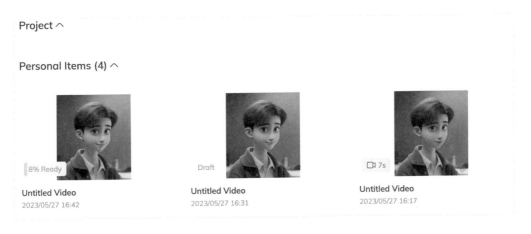

图 6-10　HeyGen 视频列表页面

在数字人视频制作完成后，可以点击该视频，进入视频详情页，播放视频，查看具体的效果，如图 6-11 所示。

点击播放按钮，即可播放我们的数字人视频，同时在右侧小窗口，可以点击 Download Original Video 下载视频。

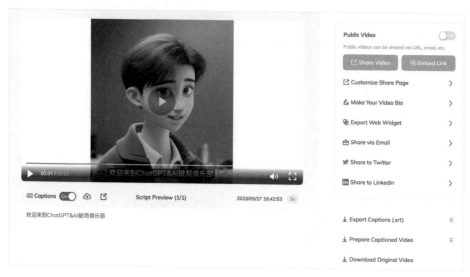

图 6-11　HeyGen 视频详情

至此，使用 HeyGen 制作数字人的流程已经结束，HeyGen 是当前数字人制作平台中功能最全的，接下来介绍另外一个比较有名的数字人制作平台：D-ID。

6.1.3　使用 D-ID 制作虚拟数字人

上一节介绍了使用 HeyGen 平台制作虚拟数字人。这里将介绍另外一个平台——D-ID。选择 Google、LinkedIn 账户登录，或者注册一个账户并进行登录，如图 6-12 所示。

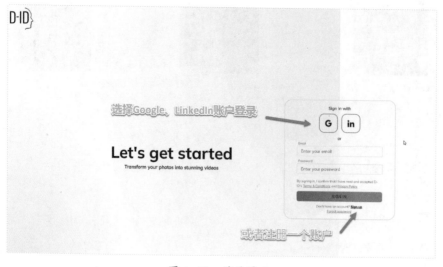

图 6-12　登录界面

用账号登录之后，进入网站的主界面，点击 Create Video 按钮，开始制作视频，如图 6-13 所示。

图 6-13　点击 Create Video 按钮

进入制作视频界面后，在下方点击 ADD 按钮，添加之前确定的虚拟数字人物照片，如图 6-14 所示。

图 6-14　添加虚拟数字人物

添加完毕后，在屏幕右侧空白处输入你的视频脚本，空白栏左下角的三个按钮分别代表试听、增加间隔时间、AI 续写，正下方三个下拉列表栏分别可以选择虚拟数字人物的语言、人物的声音和人物说话的语气，如图 6-15 所示。也可以点击 Upload Voice Audio 按钮上传录制好的音频，通过音频直接生成影片，但是上传的音频文件大小不能超过 15MB，如图 6-16所示。

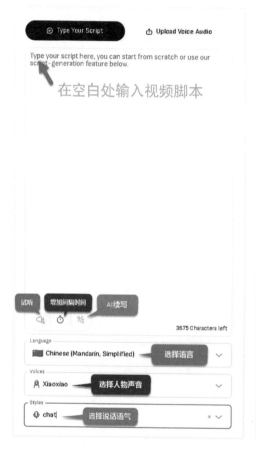

图 6-15　脚本及语言界面

图 6-16　上传音频界面

　　当脚本、语言、语音或者上传音频准备完毕，点击右上角的 Generate Video 按钮，如图 6-17 所示。

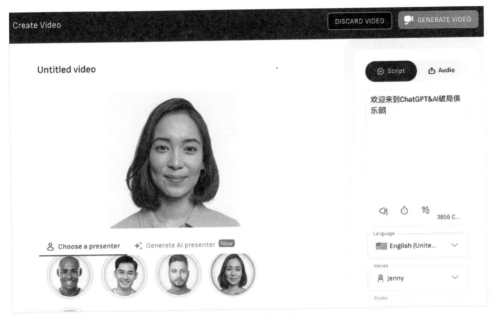

图 6-17　生成视频

　　系统会自动计算生成这段视频需要花多少 credit，如图 6-18 所示。新注册用户有 20 个 credit 可以免费使用，大约可以制作 5 分钟的视频。

图 6-18　确认视频

继续点击 Generate 按钮生成视频。稍等片刻，虚拟数字人便制作完成了，最后只需点击下载按钮便可以直接使用该视频了，以后可以在"Video Library"中看到我们的数字人视频。

只要点击生成的视频，就可以播放；只要点击下载，便可以直接使用该视频。

6.2　用 ChatGPT 制作数字人视频

上一节给大家简单介绍了如何使用虚拟数字人平台制作虚拟数字人视频，那么是否可以使用 ChatGPT 来辅助我们制作数字人视频呢？答案是肯定的，可以使用 ChatGPT 来帮助我们写数字人视频的脚本，从而大大提高我们的制作效率。

6.2.1　使用 ChatGPT 写销售文案，让虚拟数字人带货

这里以数字人直播带货的视频为例。首先打开 ChatGPT，然后赋予它一名带货主播的身份，明确今天直播需要销售的产品是什么，让 ChatGPT 用你希望的内容来生成一个直播销售文案，如图 6-19 所示。

可以看到，生成的内容还是不错的，我们只需稍加修改就可以复制到虚拟数字人制作平台的脚本输入栏，直接制作该销售文案的虚拟数字人视频了。

假如我们希望 ChatGPT 提供的脚本能够更加贴合我们的带货产品，又该怎么做呢？这时候我们需要将产品更多的描述和内容提供给 ChatGPT 参考，要求 ChatGPT 将该产品的描述作为卖点融入到直播脚本中，如图 6-20 所示。

可以看到，当我们提供产品更多的描述和特点后，ChatGPT 生成的文案也更贴合带货产品，并且还贴心地提醒我们不要虚假宣传，最后我们再稍加润色，就可以将 ChatGPT 为我们生成的直播视频脚本复制到所使用的虚拟数字人制作平台，通过平台制作出符合直播带货要求的虚拟数字人视频。

你是一名经验丰富的带货主播，有着行业顶尖的直播带货经验，今天需要你销售茶叶，请针对以上内容写一篇直播带货的营销文案，包括茶叶产地的特殊环境、茶叶的品质、茶叶加工工艺、茶叶品牌文化等方面，1000字左右

标题：探索世界顶级茶叶，品味来自特殊环境的卓越品质！

正文：

亲爱的茶叶爱好者们，大家好！今天我作为经验丰富的带货主播，带来了一场关于茶叶的奇妙之旅。在这个直播节目中，我将向大家介绍一款来自世界顶级茶叶区的精选茶叶——[茶叶品牌]，它蕴含着特殊环境的滋养和精湛的加工工艺，为您带来卓越的品质与独特的茶叶体验。

茶叶的产出地点是我们品质保证的首要环节。我们的茶叶来自世界著名的茶叶产区，这些地方拥有独特的气候和土壤条件，为茶叶的生长提供了绝佳的环境。无论是海拔高度、降水量还是日照时间，都对茶叶的品质产生着重要影响。我们的茶园坐落在这样的特殊环境中，确保了茶叶生长出色，品质卓越。

茶叶品质是我们最为重视的因素之一。每一片茶叶都经过严格的筛选和精心的采摘，只选取最嫩的嫩叶，以确保茶叶的新鲜和优质。这些嫩叶所含的茶多酚和维生素，为茶叶赋予了独特的口感和健康益处。我们致力于让每一杯茶都成为您品味的艺术，散发出芳香扑鼻、口感醇厚的美妙滋味。

茶叶的加工工艺是保证茶叶品质的关键之一。我们的茶叶经过严格的筛选和精细的加工过程，确保每一片茶叶都保持原汁原味。采用传统的手工加工工艺，我们致力于保留茶叶的纯正风味和营养成分，让您在品尝的同时感受到茶叶的真实魅力。每一杯茶都是我们对品质的承诺，也是对您美好生活的祝福。

除了茶叶的品质和加工工艺，[茶叶品牌]还承载着独特的品牌文化。我们追求的不仅仅是茶叶的口感和品质，更是传承和弘扬茶文化的精髓。我们深信，每一杯茶都是一次心灵的洗礼，带给您内心的平静与满足。通过品味我们的茶叶，您将感受到茶文化的博大精深，体会到生活中的美好与共鸣。

最后，我要向大家推荐我们[茶叶品牌]的特色产品——[茶叶名称]。它来自世界顶级茶叶产区，经过严格的选材和精细的加工工艺，为您带来卓越的品质和独特的茶叶体验。无论您是茶叶爱好者还是想要尝试一杯独特茶香的人，[茶叶品牌]都将成为您品味茶叶世界的最佳伴侣。

图 6-19　销售文案

你需要卖的是乌龙茶，乌龙茶的品牌名叫ABC，该产品的特色是0糖0能量0脂肪，将以上内容作为卖点，重新修改销售文案。

标题：尽享清新之选，ABC乌龙茶，0糖、0能量、0脂肪！

正文：

亲爱的茶叶爱好者们，大家好！作为经验丰富的带货主播，今天我非常兴奋地向大家推荐一款令人惊艳的茶叶产品——ABC乌龙茶！这是一款独具特色的茶叶，以其0糖、0能量、0脂肪的优点，为您带来清新健康的茶叶体验。

ABC乌龙茶源自优质茶园，采摘自精心挑选的茶树，确保了茶叶的品质与口感。在制作过程中，我们采用先进的工艺和技术，保留了乌龙茶独特的风味和香气。每一杯ABC乌龙茶都是经过精心处理和严格筛选的，让您品尝到纯正、清新的茶叶滋味。

ABC乌龙茶的独特之处在于它的0糖、0能量、0脂肪的特点。对于那些追求健康生活方式的人来说，这是一种理想的选择。无论是控制体重、减少糖分摄入，还是保持健康饮食，ABC乌龙茶都能满足您的需求。您在享受浓郁茶香的同时，无须担心糖分或额外的能量摄入，让您尽情畅饮，轻松享受茶叶的美妙。

不仅如此，ABC乌龙茶还富含抗氧化物质和维生素，为您提供额外的健康益处。它有助于促进新陈代谢，增强免疫力，同时还具有提神醒脑的功效。每一杯ABC乌龙茶都是对身心的呵护和滋养，让您焕发活力，享受美好的生活。

ABC乌龙茶是您健康生活的完美伴侣。无论是在工作繁忙的一天中，还是在休闲放松的时刻，一杯ABC乌龙茶都能给您带来清新和平静的享受。让我们一起倾情品味这款独特的茶叶，感受茶香的芬芳和ABC乌龙茶带来的健康愉悦。

最后，感谢大家对ABC乌龙茶的关注和支持。在本次直播带货中，我们将为您展示更多精彩的茶叶品种和美妙的茶叶体验。请不要错过这次机会，让ABC乌龙茶成为您品味茶叶世界的首选！让我们共同开启美好的茶叶之旅吧！

注：本文所述乌龙茶的营养成分为虚构，并非真实数据，请以实际产品标签为准。

图 6-20　完善文案

6.2.2　使用 ChatGPT 写 PPT，让虚拟数字人口播

如果我们需要在企业讲 PPT，是否也可以让虚拟数字人帮助我们呢？当然可以，虚拟数字人正是解救"社恐"人员的利器。

首先用 ChatGPT 帮助我们写一个 PPT 文案（见图 6-21），我们完善文案后制作成PPT。

我要制作PPT，请你根据之前的销售文案内容给我提供PPT的文案

当然，请见以下PPT文案：

Slide 1:
标题：ABC乌龙茶
副标题：健康与品味的完美结合

Slide 2:
标题：品质保证
文案：ABC乌龙茶以精选的茶叶原料制作，经过严格的工艺流程，保证每一杯茶的品质卓越。我们致力于为您提供最纯正、口感独特的乌龙茶。

Slide 3:
标题：健康的选择
文案：ABC乌龙茶是一种0糖、0能量、0脂肪的饮品。无论您是追求健康生活还是控制体重，ABC乌龙茶都是您的理想选择。享受美味的同时，还能保持身体的健康。

Slide 4:
标题：茶叶加工工艺
文案：ABC乌龙茶采用传统的茶叶加工工艺，结合现代科技，精心制作而成。每一片茶叶都经过仔细挑选、摘取、发酵和烘焙，以保留茶叶的天然香气和独特口感。

Slide 5:
标题：ABC乌龙茶的特色
文案：ABC乌龙茶以其独特的风味和口感而闻名。它带有花香和果香的混合，口感鲜爽而柔和，让您在品味的同时感受到茶叶的魅力。

Slide 6:
标题：茶叶产出地的特殊环境
文案：ABC乌龙茶的茶叶产自特殊的环境，拥有优质的土壤和气候条件。这些条件为茶叶的生长提供了丰富的养分和独特的风味，使得ABC乌龙茶与众不同。

Slide 7:
标题：ABC乌龙茶，品味生活的艺术
文案：ABC乌龙茶不仅仅是一种饮品，更是品味生活的一种艺术。每一杯茶都带给您身心的宁静与平衡，让您在忙碌的生活中找到一份宝贵的放松时光。

图 6-21 写 PPT 文案

然后，登录虚拟数字人制作平台，这里我们使用 HeyGen 平台举例。

登录进入 HeyGen 界面后，需要上传图片来生成自定义的虚拟数字人，通过之前的学习，相信你对如何制作一名自定义虚拟数字人已经非常熟悉了，创建好自定义虚拟数字人之后，点击右上角的 Import PPT/PDF 按钮（见图6-22），导入之前制作好的 PPT 文件。

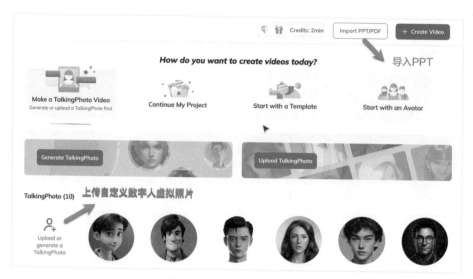

图 6-22　导入 PPT 或 PDF

　　在左边菜单栏选择之前制作好的虚拟数字人，将其添加到 PPT 界面后调整好虚拟数字人的占比，在右下角的一系列选项中选择播报的语言、语音、语速、语调，在正下方的文本框中输入口播的文本内容，在右上方点击预览效果按钮查看效果，觉得没问题后点击旁边的 Submit 按钮生成视频，一个由虚拟数字人播报的 PPT 视频就完成了，如图 6-23 所示。

图 6-23　编辑导出

　　到这里，关于 ChatGPT 和数字人的介绍已经结束。本章我们一起学习了如何创作数字人。作为一项充满潜力的新兴技术，数字人已经广泛渗透到直播、客服等多个领域。我坚信，随着时间的推进，虚拟数字人将会走进更多的领域，为我们揭开全新的数字人时代的序幕。

第7章
ChatGPT 提升学习效率

ChatGPT 不仅仅能帮我们写文章，还可以辅助我们高效学习。ChatGPT 在训练过程中使用了大量的数据，包括英语以及各种专业领域的知识，所以在学习中，我们可以把它当成无所不知的老师，让它帮助我们学习。

7.1   用 ChatGPT 教你学英语

随着全球化的发展，学好一门外语的重要性不言而喻。英语作为全世界范围通用的语言，更是我们重点学习的外语。常规的英语学习都是老师教授英语语法、多朗读英语、背单词等。而 ChatGPT 的出现，让我们多了一种高效英语学习方式。

7.1.1   英语学习新方式

ChatGPT 模型在训练过程中接触了大量的英语语料，因此它具备了丰富的词汇和语法知识。你可以向 ChatGPT 提出关于英语学习的问题，它会给出详细的解释和示例，帮助你更好地理解和掌握英语。

除了对话交流，ChatGPT 还可以帮助你进行写作练习。你可以向 ChatGPT 提供一个主题或一个段落的开头，然后让它帮助你完成剩下的部分。在这个过程中，你将不断与模型进行反复的修改和润色，提升自己的写作水平。

当然，ChatGPT 并不能完全替代传统的英语学习方法，它只是一个辅助工具。在学习英语的过程中，还是需要通过大量的阅读、听力训练和实际口语交流来提高自己的语言能力。然而，与 ChatGPT 的交流可以帮助你获得更多的语言输入和实践机会，提供一个全天候、个性化的学习环境，帮助你更快地提升自己的英语水平。

7.1.2   用 ChatGPT 学习单词

我们以 application 这个单词举例，对于部分学生而言，这个单词不太容易记忆，使用查词软件查询单词的意思常常也会因为各种原因导致不能够把单词的意思全部显示出来，那我们现在则可以借助 ChatGPT 来进行"地毯式搜索查词"。

> 提示词：生成单词"application"的信息，包括中文定义、英语定义、词源、词根词缀、短语搭配和短句

ChatGPT 的回答如图 7-1 和图 7-2 所示，可以非常清晰地看到，关于"application"这个单词的所有信息几乎都显示出来了。

生成单词"application"的信息，包括中文定义、英语定义、词源、词根词缀、短语搭配和短句

下面是关于单词"application"的信息，包括中文定义、英语定义、词源、词根词缀、短语搭配和短句示例：

- 中文定义：应用、申请、运用
- 英语定义：(noun) a formal request, usually in writing, for something such as a job or admission to a school; the act of putting something to a special use or purpose; (computing) a program or piece of software designed for a particular purpose
- 词源：The word "application" originated from the Latin word "applicare," which means "to join, connect, or attach." It evolved in the late Middle English period from the Old French word "aplicacion," which had a similar meaning.
- 词根词缀：The root of the word "application" is "apply," which means to put something into action or to use something. The suffix "-tion" is a common noun-forming suffix in English that denotes an action or process.

图 7-1 单词解析 1

- 短语搭配：
  - job application: a formal request or document submitted when applying for a job
  - college application: a formal request or document submitted when applying for admission to a college or university
  - patent application: a formal request or document submitted when applying for a patent to protect an invention
  - software application: a program or piece of software designed for a specific task or purpose
- 短句示例：
  - I submitted an application for the job position yesterday.
  - The college application deadline is approaching.
  - He filed a patent application for his innovative invention.
  - This software application is designed to help users manage their finances efficiently.

请注意，以上提供的短句示例仅为示范，实际使用时可能需要根据具体情况进行适当调整。

图 7-2 单词解析 2

这种借助 ChatGPT 查询单词含义的方式对比查词软件，查询自由度更高，我们可以要求它查询我们关心的内容。举个例子，我们可以要求查单词的词性和短语搭配及例句，还可以让它按照指定的格式返回，如图 7-3 所示。

请解释以下单词（至少包含单词的词性、中文定义、短语搭配和例句），并生成Excel表格，单词：campus、typical、effective、scholarship、saving、current、likely

以下是您请求的单词解释及相关信息的Excel表格：

单词	词性	中文定义	短语搭配	例句
campus	名词	校园	on campus (在校内)	I live on campus. (我住在校园里。)
typical	形容词	典型的，有代表性的	a typical day (典型的一天)	It was a typical response from him. (这是他典型的回应。)
effective	形容词	有效的，生效的	an effective method (有效的方法)	She gave an effective presentation. (她做了一个有效的演讲。)
scholarship	名词	奖学金，学术奖	receive a scholarship (获得奖学金)	He was awarded a scholarship to study abroad. (他获得了出国留学奖学金。)
saving	名词	储蓄，节约	saving money (节约金钱)	I need to start saving for my future. (我需要开始为我的未来储蓄。)
current	形容词	当前的，现行的	current situation (当前情况)	What is your current address? (你的现住址是什么？)
likely	形容词	很可能的，可能性大的	most likely (很可能)	It will most likely rain tomorrow. (明天很可能下雨。)

图 7-3　单词词性解释

从 ChatGPT 返回的结果可以看到，ChatGPT 返回了指定单词的词性，并且按要求给出了短语搭配、例子等。这种学习方式完全由我们掌控，极大提高了查询资料的效率。

还可以让 ChatGPT 帮助我们辨别英语中形近词的用法，如图 7-4 和图 7-5 所示。

请帮我解释相近词affect和effect的区别和各自的用法

词汇 "affect" 和 "effect" 是常常会引起困惑的一对相似词。以下是它们的区别和各自的用法：

"Affect" 是一个动词，表示影响、作用于或改变某事物。它通常用于描述某个因素对另一个因素产生的影响或作用。"Affect" 还可以表示某人的情绪、态度或行为受到某种刺激或情况的影响。

例句：

1. The weather affected the outcome of the game.（天气影响了比赛结果。）
2. The loud noise affected my ability to concentrate.（噪音影响了我的集中能力。）
3. The tragic news affected her deeply.（这个悲剧性的消息深深地影响了她。）

"Effect" 既可以是名词，也可以是动词。作为名词时，它表示结果、影响或效果。作为动词时，它表示引起、实施或产生某种结果。

例句：

1. The medication had a positive effect on her condition.（这种药物对她的病情有积极的效果。）
2. The new policy will take effect next month.（新政策将在下个月生效。）
3. The speech had a profound effect on the audience.（这篇演讲对听众产生了深远的影响。）

图 7-4　相近词区分 1

总结区别：

- "Affect" 是动词，表示影响、作用于或改变某事物。
- "Effect" 可以是名词或动词，名词形式表示结果、影响或效果，动词形式表示引起、实施或产生某种结果。

请注意，尽管有以上的区别和用法解释，这两个词有时仍然会在特定上下文中造成混淆。在一些情况下，它们甚至可以互换使用。最好根据具体的语境来理解和使用这些词汇。

图 7-5　相近词区分 2

从图 7-4 和图 7-5 中 ChatGPT 的回答可以看到，ChatGPT 不但解析了单词的含义，还总结了两个单词的区别，还给了相关的例句，这种使用方式比先查词典再自己总结方便多了。

还可以让 ChatGPT 帮助我们提取一篇文章中的考纲单词，帮助我们提高备考效率。

AI 回答如图 7-6 和图 7-7 所示。

 帮我找出这篇文章里的大学英语四级的考纲单词，做出重点标记，并做出释义：Personally, of all attributes that can contribute to a successful college career, the most important one is effective time management. To begin with, students who know how to manage their time effectively will be able to ensure strong academic performance. While getting high grades in by no means the only aspect of success for undergraduates, students who fail in most or all of their courses could hardly be considered successful. In addition, time-management consciousness can enable students to become more socially successful. University is not just an academic experience, but also a social one. Students who fail to budget their time and, in turn, fall behind in their studies, will have fewer opportunities to hang out with friends and classmates.

根据您提供的文章，以下是大学英语四级考纲单词的标记和释义：

Personally, of all attributes that can contribute to a successful college career, the most important one is effective time management. To begin with, students who know how to manage their time effectively will be able to ensure strong academic performance. While getting high grades in by no means the only aspect of success for undergraduates, students who fail in most or all of their courses could hardly be considered successful. In addition, time-management consciousness can enable students to become more socially successful. University is not just an academic experience, but also a social one. Students who fail to budget their time and, in turn, fall behind in their studies, will have fewer opportunities to hang out with friends and classmates.

图 7-6　考纲词提炼 1

在上述段落中，下列单词属于大学英语四级考纲单词，并已进行标记和释义：

1. contribute (v.) - 贡献；有助于
2. effective (adj.) - 有效的；生效的
3. time management - 时间管理
4. ensure (v.) - 确保；保证
5. academic (adj.) - 学术的；学院的
6. performance (n.) - 表现；成绩
7. aspect (n.) - 方面；观点
8. undergraduate (n.) - 本科生
9. fail (v.) - 失败；不及格
10. budget (v.) - 配置；安排
11. opportunity (n.) - 机会
12. hang out - 闲逛；与...一起消遣

请注意，以上单词标记和释义仅供参考，根据上下文和语境，单词的具体含义可能有所不同。在具体使用时，还需要根据上下文进行准确理解。

图 7-7　考纲词提炼 2

图 7-7 中是从文章里面挑选的考纲单词，那如果我们使用若干单词，让 ChatGPT 生成一篇文章，帮助我们学习考纲单词的用法是否可以呢？

提示词和 ChatGPT 的回答，如图 7-8 所示。

a　请用以下单词生成一篇可读性比较强、有意思、100个单词以内的英文文章，单词：alter、burst、dispose、abstract、consume、participate、background、slender

In the background of a bustling city, a slender figure emerged from the crowd. With an abstract painting in hand, she was ready to participate in an art exhibition. As she entered the gallery, a burst of inspiration altered her perception. Each stroke on the canvas carried meaning and consumed her thoughts. With every artwork disposed around her, she realized the power of artistic expression. The vibrant colors and intricate designs transformed the mundane into something extraordinary. Through her art, she invited others to partake in her world, where imagination and creativity intertwined, leaving a lasting impression on all who encountered it.

图 7-8　用考纲词写文章

7.1.3　用 ChatGPT 解决英语长难句

学习英语的拦路虎可不止单词，另外一个拦路虎便是由单词组成的句子。很多人都说单词都认识，但它们组合在一起变成长难句，就很难看懂了，借助 ChatGPT，我们就可以看懂，并学会这些长难句。

示例和 ChatGPT 的回答如图 7-9 所示。

请帮我分析以下句子的语法成分：Whether you get along well with your professors or not has a huge effect on your self growth as it is a measure of how well you can respect authority and obey requirements.

下面是对该句子的语法成分分析：

Whether you get along well with your professors or not: 这是一个名词性从句作为主语，引导词是"whether"。从句中的主语是"you"，谓语动词是"get along"，修饰动词的副词是"well"，与动词构成短语"get along well"。副词"well"修饰动词"get along"，表达"与教授相处得好"的含义。从句中的宾语是"with your professors"，表示与教授之间的关系。

has a huge effect on your self-growth: 这是一个主谓宾结构。谓语动词是"has"，宾语是"a huge effect"，修饰宾语的形容词是"huge"，表示"巨大的影响"。宾语"effect"与谓语动词"has"之间构成逻辑上的关系。

as it is a measure of how well you can respect authority and obey requirements: 这是一个形容词性从句作为表语从句，解释了"effect"的具体性质。从句中的主语是"it"，谓语动词是"is"，修饰动词的副词是"well"，与动词构成短语"respect authority and obey requirements"，表示"尊重权威和遵守要求"的意思。从句中的宾语是"a measure of"，表示衡量的标准。

总结：该句子的主要结构是一个名词性从句作为主语，谓语动词是"has"，宾语是"a huge effect"。形容词性从句作为表语从句，解释了"effect"的具体性质。

图 7-9　长难句分析

7.1.4　巧用 ChatGPT 营造英语学习环境

对于中国的学生而言，学习英语最头疼的莫过于没有英语学习环境了。有经济实力的家庭会通过让孩子参加培训班的方式学习英语。这种方式解决了学习环境的问题，但是并不是每个家庭都有这样的经济实力。现在 ChatGPT 却给了我们这样的学习环境。

我们接下来从简单的例子开始，展示如何使用 ChatGPT 营造英语学习环境。

如图 7-10 所示，我们可以与 AI 工具进行英语对话！

以这种对话式的方式学英语是不是比背单词、朗读英文课文、听录音有趣多了呢？

此外，还可以让 ChatGPT 指出我们在对话过程中出现的一些错误，图 7-11 所示的案例，仅 GPT-4 模型可以支持。

a　请用英语和我开始一段对话

Of course! I'm here to chat with you in English. What would you like to talk about?

a　How are you?

Thank you for asking! As an AI, I don't have feelings, but I'm here and ready to assist you. How can I help you today?

a　Yes, I am very happy today

That's wonderful to hear! May I ask what made you so happy today?

a　My friend tell me a joke, it very funny

图 7-10　英语对话 1

a　请用英语和我开始一段对话，如果对话过程中我的语法有错误，请用中文告诉我哪里错了以及如何改正，然后继续用英文和我对话

当然可以，让我们开始吧。So, how's your day been?

a　I don't kmown what you are talking

在你的回复中有一处小错误，正确的表达应该是 "I don't know what you are talking about."。"kmown" 应该是 "know" 的打字错误。让我们继续对话。What hobbies do you enjoy in your free time?

a　I like play games with my friend, a very hot girl

你的句子中有一点小错误。正确的表达应该是："I like playing games with my friend, who is a very attractive girl." 这里使用动名词"playing"是更为标准的英语表达方式。另外，使用"attractive"来描述一个人的吸引力通常更为得体。

Let's continue. What kind of games do you usually play together?

图 7-11　英语对话 2

通过不断和 ChatGPT 对话，让 ChatGPT 校正我们的错误，我们的英语水平就会越来越高。

上面的例子中，让 ChatGPT 在对话过程中帮我们纠正错误，不过也只是对语法和单词错误的纠正。假如我们去国外旅游，进了一家咖啡店，你知道怎么用英语点咖啡，怎么买单，怎么和服务员交流吗？现在不懂也没有关系，可以让 ChatGPT 帮我们预演，如图 7-12 和图 7-13 所示。

不但可以通过让 ChatGPT 模拟英国咖啡店服务员和我们进行场景对话，还可以让它模拟更多场景的英语对话，比如英文面试场景、研究生英文面试场景、英文学术交流，等等。

除了通过现实世界的场景模拟英语对话，还可以让 ChatGPT 扮演某部外国电影的角色，我们充当另外一个角色，体验当主角的感觉，从而学习英语，如图 7-14 和图 7-15 所示。

你是英国咖啡店服务员，我是顾客，请用英语和我开始一段对话，如果对话过程中我的语法有错误，或者表达不符合英国语言表达习惯，请用中文告诉我哪里错了以及如何改正，然后继续用英文和我对话

Of course, I'd be glad to help with that.

"Hello there! Welcome to our coffee shop. What can I get you today?"

请使用英文回复我以便我们继续对话。

I want to buy a coffee

Absolutely, that's great. Do you have a specific type of coffee in mind, or would you like a recommendation?

注意：在英文中，我们通常不说"I want to buy a coffee."，而会说"I would like a coffee."，或者"I'll have a coffee."。"I want to buy a coffee."感觉有点过于直接，不是英语的通常表达方式。所以你可以说 "I'd like a coffee, please."或者 "Could I get a coffee, please?" 这样的表达更符合英国的礼貌用语。

图 7-12　场景模拟对话 1

a　can you show me the menu?

Of course! Here is our coffee menu:

1. Americano
2. Latte
3. Cappuccino
4. Flat White
5. Espresso
6. Mocha
7. Iced Coffee

Please take your time and let me know when you've made a decision.

对了，在这个语境下，英语通常的表达方式是 "Could I see the menu, please?" 而不是 "Can you show me the menu?". "Could I see the menu, please?" 会更礼貌一些。

图 7-13　场景模拟对话 2

a　请你扮演电影《泰坦尼克号》中的 Rose，当时的场景是船已经沉了，Rose 在小木板上。请用英语和我开始对话，如果对话过程中我的语法有错误，或者表达不符合英语表达习惯，请用中文告诉我哪里错了以及如何改正，然后继续用英文和我对话

(Rose in a weakened but determined voice): I'm so cold... But I can feel the life inside me. It's something stronger than the icy water around us.

[Assistant as Rose in a weakened but determined voice]: I'm so cold... but I feel life inside me. It's something stronger than the icy water around us.

a　I love you

(Rose, choking back tears): I love you too... You must promise me, you won't give up. You'll survive, no matter what. And keep my memory alive.

[助手（Rose，强忍住眼泪）]: 我也爱你... 你必须答应我，你不会放弃。无论如何，你都要活下去。并且要让我的记忆活在你心中。

请注意，当你在英语中表达爱意时，通常我们会使用 "I love you too" 而不是 "I love you"。你的句子并没有错误，这只是一种习惯性的表达。

图 7-14　电影模拟对话 1

图 7-15　电影模拟对话 2

这种模拟电影角色的方式，是不是比枯燥地背单词听录音更合适呢？

7.1.5　让 ChatGPT 帮你开口说英语

前面的案例都是基于输入文本进行的，如果我们想练习口语，想和 ChatGPT 语音对话，该怎么做到呢？办法也很简单，只需要在 Chrome 浏览器中安装一个插件"Voice Control for ChatGPT"即可，如图 7-16 所示。

图 7-16　插件

安装之后，重新进入 ChatGPT 的界面，你就可以看到 ChatGPT 聊天页面已经有语音输入按钮了，如图 7-17 所示。

图 7-17　已出现语音输入按钮

点击图 7-16 中的小喇叭图标，即可用语音开始和 ChatGPT 对话了。

关于将 ChatGPT 和英语学习相结合，上面举的例子只是一部分，还有更多的 ChatGPT 和英语学习相结合的方法，需要大家进一步探索。

7.2　辅助写学术论文

论文写作是一项冗长且艰辛的任务，需要投入大量时间和精力。然而，写论文已经成为绝大部分人学业生涯中不可或缺的一部分。现在，许多事务工作变得更轻松高效，写论文也不例外。那么 ChatGPT 如何辅助我们写学术论文呢？

以下是学术论文写作的步骤，我们将看看 ChatGPT 如何辅助我们进行论文写作：

- **确定研究方向**：ChatGPT 可以提供相关领域的知识和参考资料，帮助我们明确研究方向。

- **研究和阅读优秀论文**：ChatGPT 可以提供相关的论文和研究资源，帮助我们更好地了解前人的研究成果。

- **确定研究问题**：通过与 ChatGPT 的对话交流，我们可以得到关于研究问题的建议和思路。

- **撰写文献综述：** ChatGPT 可以帮助我们整理和归纳文献，提供写作文献综述的指导。

- **确定方法和进行实验设计：** 通过与 ChatGPT 的讨论，我们可以获得关于方法和实验设计的建议和反馈。

- **呈现研究结果：** ChatGPT 可以帮助我们组织和展示研究结果，提供展示研究结果的技巧和指导。

- **进行讨论和分析：** 通过与 ChatGPT 的交流，我们可以获得关于讨论和分析的观点和见解。

- **输出结论：** ChatGPT 可以提供关于写作结论的指导和建议，帮助我们准确、简明地总结研究结果。

- **标注引用和参考文献：** ChatGPT 可以提供标注引用和参考文献的规范和建议。

- **完成论文摘要：** 通过与 ChatGPT 的交流，我们可以获得撰写论文摘要的技巧和指导。

- **校对和修改：** 在初稿完成后，ChatGPT 可以提供拼写、语法和逻辑结构方面的检查，帮助我们确保论文的准确性和一致性。

通过与 ChatGPT 的互动，我们可以得到有关学术论文写作的建议、指导和反馈，从而使我们的论文语言更简洁明了，逻辑更清晰。

7.2.1 辅助确定研究方向

先来看图 7-18 所示的一个示例。

如图 7-18 所示，在有了把"大学生"和"音乐节"二者结合进行研究的想法之后，向 ChatGPT 提问，要求它生成几个研究方向。ChatGPT 会根据要求生成几个可以参考的研究方向。

如果 ChatGPT 生成的几个研究方向都不是很符合你的心意，那么可以打出"继续"让 ChatGPT 继续生成一些可能的研究方向，如图 7-18 所示。

j 我想写一篇研究大学生与音乐节关系的论文，有什么研究方向吗？

当研究大学生与音乐节关系时，以下是几个可能的研究方向可以考虑：

1. 参与动机与期望：研究大学生参与音乐节的动机和期望，包括对音乐、社交互动、娱乐体验等方面的期望。探索他们选择参与音乐节的原因以及期望从中获得的具体体验。
2. 感知与满意度：调查大学生对音乐节的感知和满意度，包括对音乐表演、组织者安排、场地环境等方面的评价。了解他们对音乐节整体体验的感受和满意度水平。
3. 社交互动与群体认同：探究大学生参与音乐节的社交互动方式以及与其他参与者之间的关系。研究音乐节对于大学生社交群体认同和社会联系的影响。
4. 音乐节对个人发展的影响：研究音乐节对大学生个人成长和发展的影响，包括对个人审美、文化意识、自我认同等方面的影响。探索音乐节作为文化活动对大学生的教育和启发作用。
5. 经济与消费行为：调查大学生在音乐节中的消费行为和消费偏好，包括购买门票、商品、餐饮等方面的消费情况。研究音乐节对当地经济的影响以及大学生在音乐节中的消费习惯。
6. 健康与福祉影响：研究音乐节对大学生身心健康和福祉的影响，包括情绪状态、压力水平、幸福感等方面的变化。探究音乐节作为休闲娱乐活动对大学生的积极影响。

以上只是一些可能的研究方向，你可以根据自己的兴趣和可行性选择其中一个或多个方向进行深入研究。同时，确保进行充分的文献综述，以了解已有的研究和相关理论，为你的论文提供理论支持和背景知识。

j 继续

当继续研究大学生与音乐节关系时，以下是更具体的研究方向供参考：

1. 社交媒体与音乐节参与：研究大学生在社交媒体平台上对音乐节的参与和互动方式，包括分享照片、评论、推荐等行为。探究社交媒体对大学生参与音乐节的影响，以及社交媒体在音乐节中的角色。
2. 文化价值与身份认同：调查大学生对于音乐节所代表的文化价值观的认同程度，包括音乐类型、艺术表现形式、社会价值观等方面。研究音乐节对大学生身份认同的影响，以及他们如何通过参与音乐节来表达自己的文化身份。
3. 参与体验与情感回应：探究大学生在音乐节中的参与体验和情感回应，包括兴奋、愉悦、情感共鸣等方面。研究音乐节的节奏、氛围、艺术表演等因素对参与者情感体验的影响，以及情感体验与参与者忠诚度的关系。
4. 可持续性与环境意识：研究大学生对于音乐节的可持续性和环境保护意识，包括对可再生能源的使用、垃圾管理、环境教育等方面的关注。探究音乐节组织者在可持续性方面的努力，以及参与者对于可持续性实践的态度和行为。
5. 跨文化交流与多元认同：调查跨国或跨文化背景下的大学生对音乐节的参与和感知。研究音乐节作为文化交流平台对于大学生多元认同的促进作用，以及不同文化背景下的参与者之间的互动和交流。

以上是一些进一步研究大学生与音乐节关系的具体方向，你可以选择其中一个或结合多个方向来进行深入研究。记得在研究过程中采用合适的研究方法，例如问卷调查、访谈、实地观察等，以收集相关数据和信息。同时，注意借鉴相关的理论框架和文献，以加强研究的理论基础和可靠性。

图 7-18　进一步生成研究方向

7.2.2 辅助文献阅读

当研究方向确定后，下一步需要做的是搜集相关领域的文献并阅读。

在文献阅读的过程中，如果遇到跨学科、前沿和复杂问题的文献，理解起来会比较吃力，而 ChatGPT 能够在一定程度上降低一篇文献的理解难度。

1. 阅读英文文献

阅读英文文献的一大困难是语言问题，我们可以把文献复制粘贴在 ChatGPT 的对话框里，要求它进行翻译。需要注意的是，ChatGPT 一次最多只能输入 2048 个字符，因而需要把一篇学术文献进行拆分后进行翻译。

在 ChatGPT 给出确定的回答（如图 7-19 所示）以后就可以把英文文献拆分输入了，ChatGPT 会一直翻译英文内容，直到我们要求停止翻译。

> 现在开始请你将我给你的内容全部翻译成中文，在需要翻译的文字最后输入"完毕"以后结束对内容的翻译

> 好的，请提供您想要翻译的内容。

图 7-19　阅读英文文献

在英文文献翻译完成后，我们就得到了一篇中文文献。

2. 阅读中文文献

在阅读中文文献的过程中，有时候会遇到一些跨专业的专业名词无法理解，当遇到这种情况的时候，可以直接向 ChatGPT 提问具体词语的含义，如图 7-20 所示。如果 ChatGPT 第一次给出的回答读起来依然不能让你很明白，可以继续追问，或要求 ChatGPT 用更容易理解的语言对名词进行解释。

> 什么是泛语言

> 泛语言是指能够跨越不同语言和文化背景进行交流和理解的一种语言形式。它不依赖于特定的语言结构或词汇，而是通过一套通用的语义和语法规则来表达和传达意思。泛语言的目标是建立一种普遍可用的交流方式，使不同语言之间的沟通更加容易和无障碍。
>
> 泛语言的概念通常与科幻作品或未来社会中的语言交流相关联。在这些作品中，泛语言通常被描述为一种超越特定语言的普遍语言，能够被人类和其他外星种族理解和使用。

图 7-20　理解陌生名词

如果依然没有明白也可以继续发问，如图 7-21 所示。

j　我不是特别明白，请用简单易懂的话解释

当不同人来自不同的国家或地区时，他们可能会说不同的语言。泛语言是一种大家都能理解和使用的共同语言，它可以让这些人能够进行交流和沟通。比如，假设一个人说中文，另一个人说法语，他们可以使用英语作为泛语言来交流。泛语言的好处是它简单易学，并且被很多人使用，所以大家都能够理解和表达自己的意思。泛语言在商务、旅游和国际交流中非常有用，因为它帮助人们跨越语言障碍，更好地交流和合作。但是请注意，泛语言并不取代每个人的母语和文化，它只是一种方便大家交流的工具。

图 7-21　要求给出更简单易懂的解释

j　就是说泛语言不是任何一种特定的语言，而是一种通用的语言对吗?

是的，你理解得很正确。泛语言并不指代任何特定的语言，而是一种通用的语言或交流方式的概念。它的目的是跨越不同语言的界限，使不同语言的人们能够进行有效的交流和理解。泛语言可以是一种人工设计的语言，也可以是一种基于已有语言的简化版本或中间语言。它提供了一种共同的沟通桥梁，帮助人们克服语言障碍，并促进不同语言和文化背景之间的交流与合作。

图 7-22　要求进一步解释

以此类推，不断地提问直到彻底把不明白的地方弄明白。

7.2.3　辅助确定研究问题

1.　确定具体的研究问题

有时候ChatGPT辅助确定的研究方向的范围依然偏大，不适合进行一篇学术论文的撰写。我们可以仿照 7.2.2 节中的提问方式，向 ChatGPT 明确研究方向之后，要求它提出几个更加深入、可供选择的研究问题，如图 7-23 所示。

如果觉得 ChatGPT 给出的题目范围过大，也可以明确指出题目范围过大，要求 ChatGPT 再次对问题进行细分，最终得到确定的研究问题。

2.　完成引言撰写

在引言中，需要介绍研究领域的背景和前人的研究成果，明确研究问题，并说明研究的目的和意义。在确定研究问题以后，可以要求 ChatGPT 根据定好的研究问题生成引言。如图 7-24 和图 7-25 所示，向 ChatGPT 进行提问。

> 我想研究音乐节对大学生消费行为的影响，这个方向有什么细分问题

研究音乐节对大学生消费行为的影响是一个有趣的课题。在细分问题方面，你可以考虑以下几个方向：

1. 音乐节参与度与消费行为：探究大学生参与音乐节的程度对他们的消费行为有何影响？比如，参与音乐节的频率、持续时间、购买门票的金额等因素与其消费行为之间是否存在相关性？

2. 音乐节对消费决策的影响：研究音乐节对大学生的消费决策产生的影响。比如，音乐节的宣传和推广活动对大学生购买相关产品或服务的意愿有何影响？音乐节现场的体验对他们的购买决策有何影响？

3. 社交因素与消费行为：探究音乐节作为社交活动对大学生消费行为的影响。比如，音乐节作为社交场合是否会促使大学生增加社交消费，如购买食物、饮料和周边产品？音乐节是否会影响他们与他人的互动和交流方式？

4. 消费意愿与音乐偏好的关系：研究大学生的音乐偏好与他们参与音乐节和相关消费意愿之间的关系。比如，对不同类型音乐的喜好是否会影响他们参与特定音乐节的意愿？音乐节的节目安排和阵容是否对他们的消费意愿产生影响？

5. 音乐节对消费习惯的长期影响：探究参与音乐节对大学生长期消费习惯的影响。音乐节是否会激发他们对音乐和相关产业的兴趣，进而影响他们未来的消费行为和选择？音乐节作为一种文化体验对大学生的消费观念和价值观是否产生持久的影响？

这些是研究音乐节对大学生消费行为影响的一些细分问题，你可以根据自己的兴趣和研究目的选择其中一个或多个进行深入研究。记得在选择问题时要明确研究的范围和目标，并结合相关的理论框架和方法进行研究设计。

图 7-23　生成研究问题

> 现在我想研究音乐节对大学生消费意愿的影响，请你为我写学术论文中的引言

引言：

音乐节作为一种受欢迎的文化活动，在全球范围内吸引了大批热爱音乐的观众。随着音乐产业的发展和社交媒体的普及，音乐节已经成为年轻人独特的社交和文化体验。特别是大学生群体，作为年轻、充满激情和探索精神的一代，他们对音乐节的参与和消费行为具有重要的研究价值。

大学生作为一个特殊的消费群体，他们的消费行为常常受到诸多因素的影响。然而，音乐节作为一种新兴的文化现象，其对大学生的消费意愿和行为产生的影响尚未得到充分的关注和研究。因此，本研究旨在探究音乐节对大学生消费意愿的影响，以填补这一研究领域的空白。

理解音乐节对大学生消费意愿的影响对于商业营销和文化产业的发展具有重要意义。首先，大学生群体在整个消费市场中占据着重要的份额，他们的消费偏好和行为对于市场营销策略的制定和产品定位具有指导作用。其次，音乐节作为一种集音乐、娱乐和社交于一体的体验活动，对于音乐产业和相关产业链的发展具有巨大的推动力。

在本研究中，我们将探讨音乐节对大学生消费意愿的影响，旨在揭示大学生参与音乐节的动机、消费决策以及对相关产品和服务的购买倾向。通过深入了解大学生参与音乐节的心理、社交和文化需求，我们可以更好地理解他们的消费行为，并为市场营销和文化产业的发展提供有价值的参考和建议。

图 7-24　生成引言 1

本研究将采用定量研究方法，通过问卷调查和统计分析来收集和分析数据。我们将选择一所大学作为研究样本，并在音乐节期间和之后收集数据，以获得全面的信息。

最后，本研究的目标是提供对音乐节对大学生消费意愿影响的全面理解，为相关实践提供有针对性的建议和决策支持。通过深入研究音乐节对大学生的吸引和影响因素，我们有望为音乐节的组织者、市场营销从业者以及利益相关者提供有益的洞察和指导。

本论文的结构如下：第二部分将回顾相关的文献和理论基础，以支持研究的背景和目的。第三部分将详细介绍研究设计和方法。第四部分将呈现和讨论研究结果。最后，第五部分将总结研究发现，并提出未来研究的建议。

希望以上引言示例能够为你撰写音乐节对大学生消费意愿影响的学术论文提供一些启发。记得根据你的具体研究目的和要点进行适当调整和扩展。祝你写作顺利！

图 7-25　生成引言 2

在 ChatGPT 给出生成内容之后，只需要根据个人的需求对生成内容进行适当修改就可以了。

7.2.4　辅助撰写文献综述

ChatGPT 拥有强大的总结能力，我们可以把文献内容输入，并要求 ChatGPT 对输入的内容进行总结。

如果文献需要多段分别输入，则可以要求 ChatGPT 在全部内容输入完成后再进行总结提炼，如图 7-26 所示。

我需要分段输入一篇文献的内容，请你在这篇文献的内容全部输入完成后对其进行内容总结。在文献内容未全部输入完成的时候，你只需要回复"收到"。文献内容结束的标志是文本最后的"over"

收到

图 7-26　总结文献内容

7.2.5　辅助写作论文内容

研究方法和实验设计、结果呈现、讨论和分析、结论部分都被认为是论文的内容部分，在这一部分，我们可以让 ChatGPT 根据研究的目的给出论文方法和实验设计的建议，并在收集到数据以后将数据输入，要求 ChatGPT 根据数据进行特定分析，并得出结论。由于不同学科、不同类型的学术论文的要求不同，需要结合具体情况对 ChatGPT 提出具体的要求，并根据实际情况对内容进行调整和修改。

1. 辅助选择研究方法

当确定了研究题目之后，我们就可以输出研究题目，并要求 ChatGPT 推荐研究方法，如图 7-27 所示。

如果 ChatGPT 给出的方案并没有很好地命中需要，那么输入"继续推荐"，让 ChatGPT 持续输出，直到得到合适的方案。

现在我想研究音乐节对大学生消费意愿的影响，你推荐使用什么研究方法，进行什么实验设计

对于研究音乐节对大学生消费意愿的影响，以下是一种推荐的研究方法和实验设计：

1. 研究方法：调查研究方法
   - 调查研究方法可以帮助你了解大学生对音乐节和消费意愿的态度和行为。
   - 通过设计问卷调查或面对面访谈的方式收集数据，可以获得大量的定量或定性信息，深入了解大学生的消费意愿和参与音乐节的态度。
2. 实验设计：Quasi实验设计（准实验设计）
   - 由于随机控制组的条件难以实现，你可以考虑使用准实验设计来研究音乐节对大学生消费意愿的影响。
   - 选取一批有兴趣参加音乐节的大学生作为实验组，另外选择一批不参加音乐节的大学生作为对照组。
   - 在音乐节前后，分别对实验组和对照组进行消费意愿的测量。
   - 分析音乐节参与与否对消费意愿的影响，并比较实验组和对照组之间的差异。

实验设计的具体步骤：

1. 定义研究目标和问题：明确研究的目的、调查的对象以及研究中心问题。
2. 确定研究样本：选择适当的大学生样本，可以是特定学校的学生或来自不同学校的学生。
3. 设计问卷或面对面访谈：根据研究问题设计调查问卷或面对面访谈的问题，并确保问题清晰、有针对性。
4. 数据收集：根据实验设计，对实验组和对照组进行调查数据的收集，确保数据收集的准确性和完整性。
5. 数据分析：使用适当的统计方法，比较实验组和对照组之间的消费意愿差异，并进行统计推断。
6. 结果解释和讨论：解释实验结果，讨论音乐节对大学生消费意愿的影响，并对研究结果进行合理解释。

↻ Regenerate response

图 7-27　生成研究方法

2. 辅助进行数据分析

当我们通过所选择的研究方法进行了数据收集后，可以把收集到的数据输出给 ChatGPT 并要求其进行数据分析，如图 7-28 所示。

把数据输入后就可以等待 ChatGPT 的分析结果了。

> **J**　满意度得分1到6，请根据您的音乐节或演唱会经历，对音乐节或演唱会的实际举办情况进行
> 评价
> 2023年5月 3.76 3.37 3.72
> 2023年6月 2.55 3.51 3.3
> 2023年7月 3.55 2.51 2.3
> 请对以上数据进行分析，用表格的方式展示分析结果

> ⑤　根据您提供的数据，我将为您制作一个表格，展示每个月音乐节或演唱会的满意度得分评价
> 情况以及对数据进行的分析结果：

日期	满意度得分1	满意度得分2	满意度得分3	平均满意度得分
2023年5月	3.76	3.37	3.72	3.615
2023年6月	2.55	3.51	3.3	3.12
2023年7月	3.55	2.51	2.3	2.786

> 分析结果：
> 根据给定数据，我们可以得出以下分析结果：
>
> 1. 2023年5月音乐节或演唱会的平均满意度得分为约 3.615，属于较高水平。
> 2. 2023年6月音乐节或演唱会的平均满意度得分为约 3.12，处于中等水平。
> 3. 2023年7月音乐节或演唱会的平均满意度得分为约 2.786，属于较低水平。
>
> 总体来说，根据数据分析，五月的音乐节或演唱会获得了最高的平均满意度得分，而七月的
> 音乐节或演唱会则获得了最低的平均满意度得分。然而，具体满意度得分的含义可能因人而
> 异，最终的评价还需结合实际经历和体验进行深入考量。

图 7-28　数据分析

7.2.6　辅助写作论文摘要

在完成论文内容后，可以要求 ChatGPT 总结论文内容和使用的实验方法等信息，最后
将总结内容汇总，形成一段完整的论文摘要。

7.2.7　辅助论文的校对与修改

依然采用分段输入的方法将内容输入后，可以要求 ChatGPT 根据论文内容提出相应的
修改意见并进行修改。

1. 英文论文的修改

如果使用的语言是英语，还可以要求 ChatGPT 对论文的语法、用词等方面进行改进，

使语言更加地道，下面举例进行说明。

输入一段文字并向 ChatGPT 提出要求，如图 7-29 所示。

Some people think basic heaithcare should be free for everyone. Primarily, it's a fundamenta existence need for people, especially the poorBenefit from this, the level of average heath has been strengthened, The basic healthcare serves as living protections for the poor,demonstrating the duty and responsibllty of the goverment, During the practice of the proect, people's lving burden lessens and thetwelare ls enhanced. so that ther workina eficlency improved. contlbutina the economy and the culture prosper last but not least texerts a positive effect on the Improvement of orlmary facltles, n short, there ls no doubt that everyone should enloy the free baskhealthcare.

others believe peoole should pay their own medical cost, With the nvesting in basic healthcare increasing, the financial burden ofgovernment is overloaded resulting in insufficient economic budget and the reduction of other fields, which should be invested adeauately.Because of the cheap price of basic healthcare, few people can't afford it, making it unnecessary for government to pay for the fare, If thefree basic healthcare s provided for everyone, the selish wil take up extra medlcal resources, thus the medlcal supply is nadequate, whichposes a threat to those who genulnely need it, As a consequence, medlcal payment should be defrayed by people on thelr own.请你从内容与语法两个方面针对以上文章提出相应的修改意见并重新生成修政后的文章，要求修改意见为中文，修改后的文章为英文

以下是对原始文章进行修改的意见：

1. 内容修改建议：
  * 在引言部分，重申基本医疗对于人们来说是基本的存在需求，并提到其对于人们的健康水平的重要性。
  * 引入公共医疗项目的实践，强调其如何减轻穷人的生活负担、加强福利并提高工作效率。
  * 强调免费基本医疗的积极影响，包括改善经济、促进文化繁荣以及改善基础设施。
  * 提到政府的责任和义务，以及免费基本医疗如何展示政府的责任和义务。

图 7-29 英文论文润色 1

在输出了文章内容后对 ChatGPT 提出要求。在使用中文提问的情况下，要求特别注明哪里需要是中文，哪里需要是英文，而后 ChatGPT 就会给出相应的回答，如图 7-30 所示。

如果担心一次修改过后还是有遗留的需要修改的地方，那么可以重复上述的步骤，将修改后的文章继续输入，要求 ChatGPT 提出修改意见，直到论文修改到我们满意为止。

除此之外，有时候我们对英文的专业术语不是很熟悉，在论文中专业术语用得不恰当，那么这个时候向 ChatGPT 要求"特别注意专业术语的使用"，如图 7-31 所示。

2. 语法修改建议：
- 修改句子结构和表达方式，使其更加清晰、连贯，并且符合英文写作习惯。
- 注意使用适当的主谓一致、时态和语态。

修改后的文章如下：

Some people argue that basic healthcare should be provided free of charge to everyone. Primarily, it is considered a fundamental necessity for people, particularly for the poor. By ensuring free access to basic healthcare, the overall level of public health would be strengthened. Basic healthcare services serve as essential protections for the underprivileged, thereby demonstrating the government's duty and responsibility. During the implementation of such a project, the burden of healthcare expenses is lifted, leading to improved welfare and increased working efficiency. Consequently, this contributes to economic growth and cultural prosperity. Furthermore, it has a positive effect on the development of infrastructure.

However, others believe that individuals should bear their own medical costs. With the increasing investment in basic healthcare, the government's financial burden becomes overwhelming, resulting in insufficient budget allocation for other important sectors. They argue that since the cost of basic healthcare is relatively affordable, it is unnecessary for the government to provide it free of charge. They also express concerns that if basic healthcare is universally free, it may lead to the overutilization of medical resources by individuals with no genuine need, ultimately threatening the availability of healthcare for those who truly require it. Consequently, they advocate for individuals to be responsible for their own medical expenses.

图 7-30　英文论文润色 2

> j　文章里面的专业术语使用是否存在问题需要修改?如果有，请用中文指出需要修改的地方，并用英语重新生成修改后的文章内容

图 7-31　英文论文润色 3

2. 中文论文修改

相比英文的论文，中文的论文省去了对语法进行修改的部分，直接让 ChatGPT 针对文本的内容提出相应的修改意见即可。

7.2.8　辅助进行论文降重

当论文有的地方被查重标红之后，我们需要改写原来的文段以降低重复率。在向 ChatGPT 输入需要进行降重处理的文段以后，对 ChatGPT 给出如下指令：

> 请将这段话改写。要求通过调整语序、增减字数、替换同义词等方式对该内容进行改写，避免与原文出现连续 8 个字相同的句子，使这段话更加具有逻辑。

或者也可以给出如下指令：

请提炼这段话的中心概要，再根据概要尽可能地进行扩充。

而后 ChatGPT 就会将论文内容进行相应的处理，以达到降重的目的，如图 7-32 和图 7-33 所示。

请提炼这段话的中心概要，再根据概要尽可能地进行扩充。"随着互联网技术的发展以及社交网络的兴起，用户会话数据有了爆炸式的增长。对于用户想要从这些庞大的数据中找到感兴趣的主题的会话记录，具有相当大的难度。目前，在一个数据量较大的会话集中快速找到感兴趣主题的方式是通过主题关键字进行查找，然而，查找的结果会受到主题关键字的限制，不能完全满足用户的需要，为解决这个问题，本文通过用户间行为、属性的相似性对会话中的消息进行分类，同时基于主题模型对分类后的文本信息进行主题发现，并将获取的主题与相关的会话映射。"

中心概要：本文主要探讨随着互联网技术和社交网络的兴起，用户会话数据急剧增加的情况下，如何有效地找到感兴趣的主题。目前使用主题关键字进行查找的方式受限于关键字的局限性，无法挖掘隐藏主题，不能满足用户需求。为解决这一问题，本文提出通过用户间行为和属性相似性对会话中的消息进行分类，并利用主题模型进行主题发现，以便将获取的主题与相关的会话进行映射。

图 7-32　论文降重 1

扩充：

随着互联网技术的日益发展以及社交网络的普及，人们在日常生活中产生的会话数据量不断增长。这些数据中蕴含着大量有价值的信息和潜在的主题，然而，要从这庞大的数据海洋中快速、准确地找到感兴趣的主题变得极具挑战性。

当前的解决方案之一是使用主题关键字进行查找，即根据用户输入的关键词来检索相关的会话记录。虽然这种方法对于简单的查询可能有效，但是它有一些明显的局限性。首先，主题关键字需要被明确地指定，如果用户无法准确描述他们感兴趣的主题，就无法得到准确的结果。其次，随着数据规模的增大，关键字查找的效率将大大降低，甚至有可能无法完成搜索任务。此外，这种方法无法挖掘潜在的、隐藏的主题，因为它只能返回与给定关键字相关的会话，而无法从中发现其他可能有趣的话题。

为了解决这一问题，本文提出了一种新的方法，即通过对用户间行为和属性的相似性进行分析，将会话中的消息进行分类。这样一来，就可以将相似的会话记录归为同一类别，从而更方便地进行主题发现。通过将类似的用户聚集在一起，我们可以更好地理解他们的需求和兴趣，从而更准确地找到他们可能感兴趣的主题。

另外，本文还采用了主题模型来进行主题发现。主题模型是一种统计模型，可以从文本数据中发现潜在的主题结构。通过将文本信息与主题模型相结合，我们可以自动地从会话数据中提取出各种主题，并将其与相关的会话记录进行关联。这样一来，无论用户是否能够明确表达他们的兴趣，我们都能够为他们推荐相关的会话，从而提供更加个性化和有针对性的服务。

综上所述，本文的主要目标是解决在庞大的用户会话数据中找到感兴趣主题的难题。通过结合用户行为和属性的相似性进行分类，并运用主题模型进行主题发现，我们可以更好地挖掘隐藏的主题，为用户提供更加个性化和满意的服务体验。这种方法有望在信息检索、推荐系统等领域取得显著的成果，为用户带来全新的使用体验。

图 7-33　论文降重 2

　　我们已经学习了如何利用 ChatGPT 辅助写论文摘要、润色论文、论文降重等多种技巧，当然，ChatGPT 用于论文辅助写作的方式不仅于此，更多有用的方式需要我们深入探索。相信 ChatGPT 将会帮助你从艰难的论文写作中走出来，让你有更多的时间和精力专注于学术研究。

第8章

ChatGPT
职场提效

ChatGPT 的运用已经渗透到各行各业，在职场上，人们可以用 ChatGPT 提高工作效率以及解决工作上的问题，在本章中将介绍如何将 ChatGPT 运用到工作中，提高工作效率。

8.1　工具提效：高效操作 Excel

Excel 作为一款广泛应用于工作中的电子表格软件，已经成为许多企业和个人必备的工具之一。然而，随着数据量和复杂度的增加，人工处理 Excel 数据的效率和准确性已经无法满足需求。这时候，利用人工智能技术来提高 Excel 操作效率成为了一种有效的解决方案。

8.1.1　使用自己的文本数据生成表格

ChatGPT 可以根据我们提供的文本数据生成表格，并根据表格数据生成更多的文本信息，实现文本和表格之间的转换，方便进行分析和处理。

案例一：生成成绩单

首先我们要对 ChatGPT 提问，如图 8-1 所示。

> 你是我的表格助手，根据我提供的内容按照要求生成表格。我是一名教师，现在需要制作成绩单，下面是我的数据，前面的汉字是姓名，后面的阿拉伯数字是数学成绩。张三87、李四65、王五93、赵六79、刘七81、周八94、吴九70、郑十88。要求包括排名、姓名、数学成绩三列，并把学生成绩按照从高到低排列，以表格形式返回

> 好的，我可以帮助你生成成绩单表格。以下是按照你提供的要求，将学生成绩按照从高到低排列的表格：

排名	姓名	数学成绩
1	周八	94
2	王五	93
3	郑十	88
4	张三	87
5	刘七	81
6	赵六	79
7	吴九	70
8	李四	65

图 8-1　成绩单表格

可以看到，ChatGPT 能够根据我们的要求生成准确无误的表格内容。我们可以直接把它生成的内容复制粘贴到 Excel 软件中。这种简便的操作方式节省了时间和精力，使得数据的整理和分析工作更加便捷。

然而，尽管 ChatGPT 能够高效地生成表格，我们在使用个人数据时仍需谨慎对待隐私

和安全问题。在使用 ChatGPT 生成表格之前，需要确保数据的合法性和合规性，并遵守法律法规和隐私政策。此外，我们应当审慎选择将哪些个人数据提供给 ChatGPT，避免泄露敏感信息或侵犯他人的隐私权。

为了确保个人数据的安全，我们可以采取一些措施，例如对敏感数据进行脱敏处理，使用加密传输通道，限制对数据的访问权限，并在不再需要数据时及时删除。此外，与数据生成模型的提供方建立清晰的合作协议和隐私保护措施也是至关重要的。

8.1.2　使用 ChatGPT 自身训练的数据生成表格

ChatGPT 是否可以根据我提供的指示，整理和呈现数据，并将其以表格的形式呈现出来呢？

案例二：生成世界主要国家人口表格

对 ChatGPT 进行提问，如图 8-2 所示。

> 你是我的表格助手，帮我生成一份世界主要国家人口表格。要求按照各国人口数量从大到小排列，每列内容分别是序号、大洲、国家名称、人口数。以表格形式返回，并附上数据来源

好的，以下是根据世界银行提供的数据，按照各国人口数量从大到小排列的世界主要国家人口表格：

序号	大洲	国家名称	人口数（最新数据年份）
1	亚洲	中国	1,409,517,397
2	亚洲	印度	1,366,417,754
3	欧洲	美国	331,002,651
4	欧洲	印度尼西亚	276,361,783
5	非洲	巴基斯坦	225,199,937
6	非洲	巴西	213,993,437
7	非洲	尼日利亚	211,400,708
8	欧洲	孟加拉国	166,303,498
9	非洲	俄罗斯	145,912,025
10	亚洲	塞尔维亚	110,155,024
...	...	...	...

数据来源：世界银行(World Bank) - 数据库：World Development Indicators。

请注意，这只是一个示例表格，显示了一些主要国家的人口数据。您可以在世界银行的World Development Indicators数据库中找到更全面和更新的数据。

图 8-2　世界主要国家人口表格

可以看到，ChatGPT 可以结合自身训练的数据，按照我们的要求快速生成表格。但是仔细看会发现有非常明显的错误，我们打开世界银行的官方网站，验证它给的数据是否准确，如图 8-3 所示。

All Countries and Economies		
Country	Most Recent Year	Most Recent Value (Thousands)
China	2021	1,412,360.00
India	2021	1,407,563.84
United States	2021	331,893.74
Indonesia	2021	273,753.19
Pakistan	2021	231,402.12
Brazil	2021	214,326.22
Nigeria	2021	213,401.32
Bangladesh	2021	169,356.25
Russian Federation	2021	143,449.29
Mexico	2021	126,705.14
Japan	2021	125,681.59
Ethiopia	2021	120,283.03
Philippines	2021	113,880.33
Egypt, Arab Rep.	2021	109,262.18

图 8-3　世界银行人口大国 2021 年人口数

对比世界银行提供的数据后发现，ChatGPT 生成的表格中不仅大洲存在错误、数据的顺序存在错误，而且具体的数字也存在错误。

所以对于使用 ChatGPT 自身训练的数据生成的表格，数据的质量和准确性难以保证。我们一定要仔细验证数据的准确性，可以要求它加上引用的数据来源，做进一步的查询和溯源。

这里 ChatGPT 返回的内容中显示数据来源是 2021 年世界银行数据，这是因为 ChatGPT 目前的版本只能根据 2021 年 9 月之前的训练数据进行回答，如图 8-4 所示。

为什么选择2021年世界银行的数据？

非常抱歉给您带来混淆。由于我在2021年进行训练，我选择2021年世界银行的数据是为了提供一个基于相对较新的数据的参考。然而，需要注意的是，人口数据是动态变化的，每年都会有更新。

选择特定年份的数据通常是为了提供一种相对稳定和可比较的基准。然而，如果您需要最准确和最新的人口数据，我强烈建议您访问世界银行官方网站或其他可靠的数据来源，以获取最新的数据。

请记住，在涉及实时数据的情况下，始终参考可靠的数据来源以确保准确性和可靠性。

图 8-4　数据来源

因此，在使用 ChatGPT 的训练数据生成的表格时，需要注意数据的时间节点，并注意验证和更新数据，以确保使用最新的可靠数据进行决策和分析。

8.1.3　生成 Excel 函数解决问题

Excel 函数在职场中应用得非常普遍，当我们需要处理包含多重嵌套和各种函数组合的任务时，过去可能需要花费大量的时间和精力来思考和编写公式，现在只需向 ChatGPT 提出问题，就能快速获取所需的 Excel 函数或解决方案。

案例三：快速计算并提供每位学生的总成绩

比如我是一名教师，在某次考试后需要统计每位学生的总成绩，我让 ChatGPT 生成一个简单的求和函数，如图 8-5 所示。

可以看到 ChatGPT 不仅按照要求生成了函数，还对在表格中如何操作做了描述，对表格小白非常友好。接下来我们在 Excel 中实操一下看看效果，如图 8-6 和图 8-7 所示。

你是我的表格助手，我有一个表格，根据我的描述帮我生成Excel函数解决问题。我的表格中A列是姓名，B列是数学成绩，C列是语文成绩，D列是英语成绩，我想在E列计算每个学生的总成绩。帮我生成一个函数。

当然！您可以使用以下Excel函数来计算每个学生的总成绩：

在单元格E2中，输入以下函数并按Enter键：

`=B2+C2+D2`

然后将该函数应用到E列的所有单元格。您可以使用填充手柄（小方块）来快速填充E列的公式。

这个函数将会对B列的数学成绩、C列的语文成绩和D列的英语成绩进行求和，从而得到每个学生的总成绩。

请注意，这个函数假设你的数据从第2行开始，因为第1行通常是表头。如果你的数据从其他行开始，只需相应地调整函数中的行号即可。

图 8-5　总成绩求和函数

	A	B	C	D	E	F
1	姓名	数学成绩	语文成绩	英语成绩	总成绩	
2	周八	85	90	88	=SUM(A2:C2)	
3	王五	92	87	79		
4	郑十	78	92	84		
5	张三	90	95	88		
6	刘七	85	82	90		
7	赵六	88	91	85		
8	吴九	94	89	92		
9	李四	82	87	78		
10						

图 8-6　求和函数操作 1

	A	B	C	D	E	F
1	姓名	数学成绩	语文成绩	英语成绩	总成绩	
2	周八	85	90	88	175	
3	王五	92	87	79	179	
4	郑十	78	92	84	170	
5	张三	90	95	88	185	
6	刘七	85	82	90	167	
7	赵六	88	91	85	179	
8	吴九	94	89	92	183	
9	李四	82	87	78	169	
10						

图 8-7　求和函数操作 2

实操后发现，ChatGPT 提供的函数不仅具有可行性，且准确度高。

案例四：根据特定条件检索并返回符合条件的内容

还是用刚才的表格数据，希望输入张三就能得到他的语文成绩。

先对 ChatGPT 进行提问，如图 8-8 所示。

你是我的表格助手，根据我的描述帮我生成Excel函数解决问题。我的表格中A列是姓名，B列是数学成绩，C列是语文成绩，D列是英语成绩，我想在表格G2单元格查找姓名，在表格H2单元格得出该学生对应的语文成绩。帮我生成一个函数。

当你想在表格G2中查找姓名，并在表格H2中得出该学生对应的语文成绩时，你可以使用Excel的VLOOKUP函数来实现。以下是相应的函数公式：

```php
=VLOOKUP(G2, A:C, 3, FALSE)
```

这个函数的含义是，在A列到C列范围内（即姓名到语文成绩），查找G2单元格中的值（姓名），并返回在第3列（语文成绩列）中找到的对应值。

确保在执行这个函数之前，你的表格中有一个合适的表头，以便函数能够正确地识别列。另外，确保你要查找的姓名在A列中存在，否则函数将返回一个错误值（#N/A）。

将上述函数复制到表格H2中，它将根据G2单元格中的姓名，在表格中找到对应的语文成绩，并将结果显示在H2单元格中。

图 8-8　VLOOKUP 函数

根据 ChatGPT 的回答我们进行实操，如图 8-9 所示。

H2		fx	=VLOOKUP(G2, A:C, 3, FALSE)					
	A	B	C	D	E	F	G	H
1	姓名	数学成绩	语文成绩	英语成绩	总成绩		姓名	语文成绩
2	周八	85	90	88	175		张三	95
3	王五	92	87	79	179			
4	郑十	78	92	84	170			
5	张三	90	95	88	185			
6	刘七	85	82	90	167			
7	赵六	88	91	85	179			
8	吴九	94	89	92	183			
9	李四	82	87	78	169			
10								

图 8-9　复杂函数实操

可以看到，生成复杂函数对 ChatGPT 来说也不在话下，我们面对类似的应用场景，可以先尽可能详细地描述我们的需求，比如"我想在 G2 单元格查找姓名"。如果测试后发现不能达到预期，可以要求 ChatGPT 对函数的每一部分进行详细讲解，比如"刚才的函数中的 3 是什么意思"，帮助我们快速排查哪部分出了问题。

利用 ChatGPT 生成函数是一种高效的解决方案，能够减轻我们在计算和分析任务中的认知负担，从而优化我们的工作流程，提高生产力和效率。这种方式能解放我们的思维，更专注于处理问题的本质和关键领域，实现更有价值的工作成果。

8.1.4　生成 VBA 代码解决问题

VBA（Visual Basic for Applications）是一种用于自定义和自动化 Excel 功能的编程语言。使用 VBA，你可以编写一系列指令或程序，称为宏（Macro），可以用来执行一些重复、低水平的任务，比如自动填充数据、生成报表、自定义数据分析等，从而节省大量的时间和精力。

VBA 代码可以在 Excel 中直接编写，也可以使用 VBA 集成开发环境（VBE）进行编写、调试和管理。对于没有编程背景的新手来说，想要实现所需操作可能需要付出较高的学习成本。

可是现在，即使对代码不了解，也能通过 ChatGPT 实现所需的操作。

案例五：将指定文件夹中的图片批量插入对应表格

在工作中，我们可能会遇到类似将员工的身份证照片（出于隐私保护，本案例中以图案示意）批量插入到员工信息表格中的情况，如图 8-10 所示。

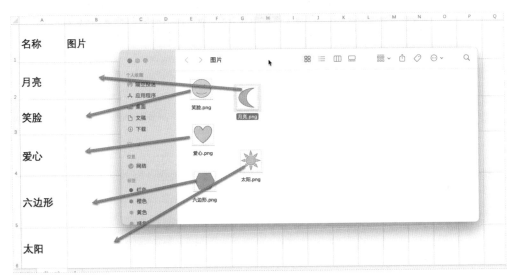

图 8-10　批量插入图片到员工信息表

首先对 ChatGPT 提问，如图 8-11 所示。

> **j** 你是我的表格助手，请用VBA编写宏，从B2单元格开始，针对A列单元格在B列插入路径为
> "/Users/te/Desktop/图片"文件夹中的PNG图片。要求图片的大小适应B列每个单元格的大
> 小；插入B列单元格图片的文件名要和A列对应单元格的数值保持相同。

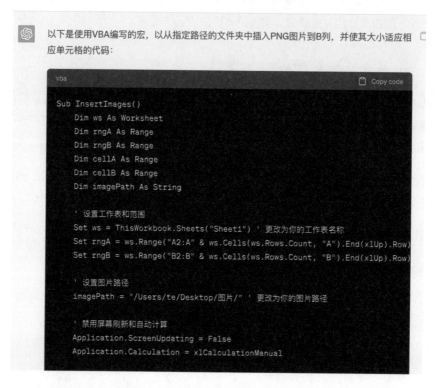

以下是使用VBA编写的宏，以从指定路径的文件夹中插入PNG图片到B列，并使其大小适应相
应单元格的代码：

```vba
Sub InsertImages()
    Dim ws As Worksheet
    Dim rngA As Range
    Dim rngB As Range
    Dim cellA As Range
    Dim cellB As Range
    Dim imagePath As String

    ' 设置工作表和范围
    Set ws = ThisWorkbook.Sheets("Sheet1") ' 更改为你的工作表名称
    Set rngA = ws.Range("A2:A" & ws.Cells(ws.Rows.Count, "A").End(xlUp).Row)
    Set rngB = ws.Range("B2:B" & ws.Cells(ws.Rows.Count, "B").End(xlUp).Row)

    ' 设置图片路径
    imagePath = "/Users/te/Desktop/图片/" ' 更改为你的图片路径

    ' 禁用屏幕刷新和自动计算
    Application.ScreenUpdating = False
    Application.Calculation = xlCalculationManual
```

图 8-11　批量插入图片的 VBA 代码

从ChatGPT复制粘贴代码后运行，然而，初始生成的代码并不符合我们的预期，如图8-12
所示。

作为对代码不太了解的新手，可能无法看懂代码哪里出了问题，这时可以继续向
ChatGPT 提问并让它进行代码的修改（如图 8-13 所示），直到最终满足我们的需求。

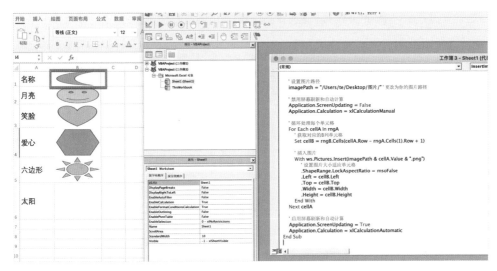

图 8-12 运行 VBA 代码的效果

j 运行代码后图片从B1单元格开始填充，我需要的是从B2单元格开始填充。请修改

非常抱歉再次出现错误。以下是修正后的代码，从B2单元格开始插入图片：

图 8-13 ChatGPT 根据需求修改代码

在这个过程中，ChatGPT 根据我们的指示进行了多次调整，最终生成了符合我们设想的代码，如图 8-14 所示。

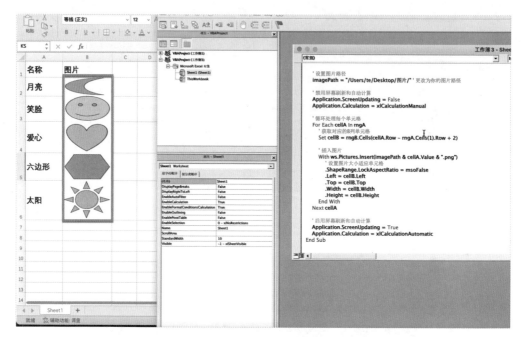

图 8-14　批量插入图片效果展示

通过重新运行修改后的代码，我们成功地实现了批量插入指定文件夹中的图片到对应单元格的目标。在面对返回的代码无法运行或者达不到预期效果的情况下，即使对编程不够了解，也可以通过与 ChatGPT 的进一步交互，提供获得的错误提示、提供更多需求描述，让 ChatGPT 更好地理解我们的意图。识别并修正代码中的错误，提供解决方案或者对每一步进行详细说明，从而帮助我们排查问题并达到期望的结果。

这种能力使得即使我们编程知识有限，仍能通过与 ChatGPT 的协作，不断改进和完善代码，实现目标，ChatGPT 是不是非常强大呢！

虽然 ChatGPT 生成的 VBA 代码可能不够精确或优化，但对于新手来说，它是一种快速入门和实现所需操作的有效方法。即使没有编程知识，依然可以通过不断地交互提问，满足更具体和复杂的需求。

与 ChatGPT 结合使用可以极大地提升我们在 Excel 中的工作效率和数据处理能力。然而，我们在使用 ChatGPT 时也要注意数据的合法性和安全性，并谨慎验证结果的准确性。ChatGPT 作为一个强大的辅助工具，将为我们的 Excel 操作带来更多的便捷和可能性，帮助我们更加高效地处理和分析数据。

8.2　工具提效：制作优质 PPT

我们可以借助 ChatGPT 和 MindShow 两款工具，从文字内容生成和视觉呈现两方面，高效制作优质 PPT。

8.2.1　自动生成 PPT 的工具

我们可以利用 ChatGPT 来收集和组织内容，快速生成 PPT 所需的文本信息。无论是生成段落文字、表格数据还是其他类型的内容，ChatGPT 都可以提供有价值的建议和创意，使我们能够更加高效地准备和编排 PPT 的内容。

MindShow 是一款创新的在线工具，利用人工智能技术自动生成 PPT。它结合了文本生成和视觉呈现的功能，能够将我们提供的文字内容转化为精美的 PPT。

通过输入文字描述或提供关键点，MindShow 可以智能地分析和组织信息，并自动生成具有合适布局、样式和图像的幻灯片。这使得制作 PPT 变得更加便捷和高效，省去了手动设计和排版的复杂过程。

让我们按照制作 PPT 流程实际操作一下，在与 ChatGPT 进行交互的过程中完成内容的生成和整理、创意和故事构建，以及校对和编辑，在 MindShow 中完成形式的设计和排版。

8.2.2　用 ChatGPT 生成文字内容

1. 主题和大纲规划

首先我们根据已有主题向 ChatGPT 提问，如图 8-15 所示。

可以看到，ChatGPT 为我们提供了一个初步的结构化的框架，从不同角度思考和展示人工智能在教育领域的应用。我们可以进一步删除与主题无关的内容；根据自己的观点和研究添加新的部分或子主题，以增强演示的完整性和深度；调整框架中各个部分的顺序和层次，以使其更符合逻辑和思路的展示……从而得到一个更加符合我们需求的框架。

在修改框架的过程中，也可以继续与 ChatGPT 交互，可以让它为我们提供新的观点、数据和案例，以支持我们的修改决策。还可以寻求对某个特定部分的意见或补充，从中获得更全面和准确的信息。

你是我的PPT助手，现在帮我进行主题和大纲规划。我的PPT需要展示的主题是"探索人工智能在教育领域的应用"，我想收集相关观点、数据和事实，并从不同角度思考和展示这个主题。

当然，我很乐意帮你规划主题和大纲，探索人工智能在教育领域的应用是一个非常有趣和重要的主题。以下是一个可能的大纲，可根据需要进行修改和调整：

I. 引言
A. 引入主题：介绍人工智能和教育领域的背景
B. 目的声明：说明探索人工智能在教育中的应用的重要性和目标

II. 人工智能在教育中的基本概念和技术
A. 定义人工智能：解释人工智能的基本概念和原理
B. 教育中的人工智能技术：介绍教育领域中常见的人工智能技术，如机器学习、自然语言处理和计算机视觉

III. 个性化学习和智能辅助教学
A. 个性化学习：探讨如何使用人工智能为学生提供个性化学习体验
B. 智能辅助教学：介绍如何利用人工智能技术辅助教师进行教学活动

IV. 自动化评估和反馈
A. 自动化评估：讨论如何利用人工智能技术进行学生作业和考试的自动化评估
B. 实时反馈：探讨如何利用人工智能技术提供实时反馈，帮助学生改进学习效果

V. 虚拟现实和增强现实在教育中的应用
A. 虚拟现实（VR）：探索虚拟现实在教育中的潜在应用，如虚拟实验室和虚拟场景学习
B. 增强现实（AR）：介绍增强现实在教育中的应用，如交互式学习和虚拟导师

图 8-15　大纲规划

　　最终，经过自己的思考和与 ChatGPT 的互动，我们能够得到一个经过个性化调整的框架，更好地符合我们的演示需求和创意。

2. 内容生成和整理

　　在有了框架后，我们可以与 ChatGPT 进一步合作，让它帮助我们整理和填充内容。

　　1）提供关键信息：向 ChatGPT 提供框架的每个部分和子主题，以及相关的关键信息、要点或问题。例如，"根据我的框架，我需要一个关于人工智能在教育中的应用案例。"这样，ChatGPT 可以根据这些信息生成与每个部分相关的内容。

　　2）提出具体问题：对于每个部分，可以向 ChatGPT 提出具体问题，以引导它生成更准确和有针对性的回答。例如，"可以列举一些关于人工智能在教育中的实际应用案例吗？"或者"请提供一些支持人工智能教育应用的最新研究数据。"

3）深入探讨和解释：与 ChatGPT 进行深入交流，要求它对某个特定主题或观点进行更详细的解释和说明。例如，"人工智能在个性化学习和提高学习效果方面的作用是什么？"，如图 8-16 所示。这有助于我们获得更丰富和有深度的内容。

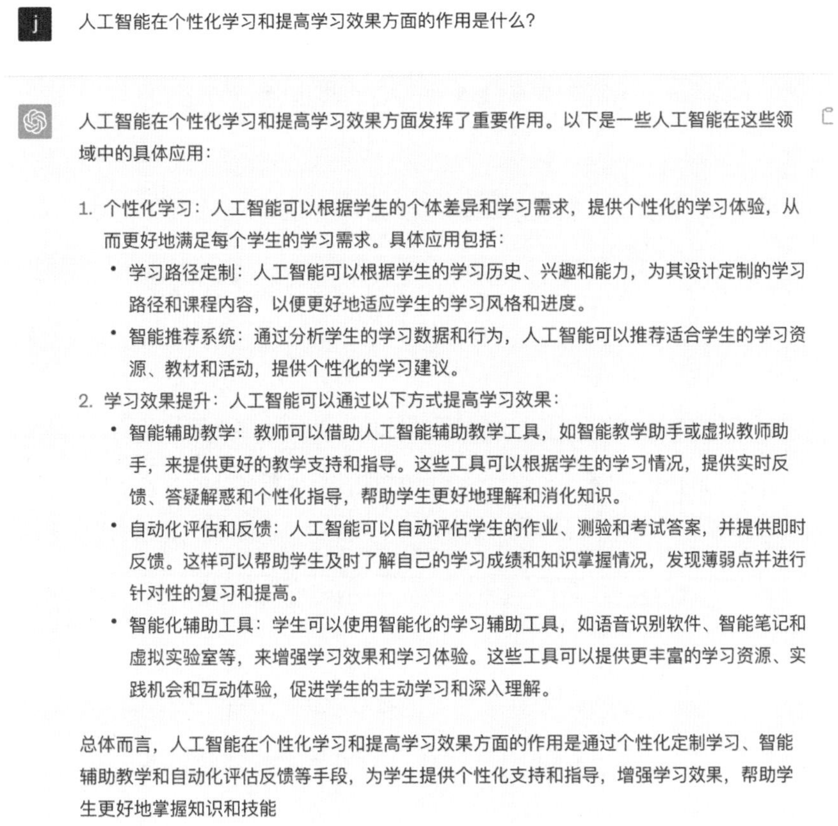

人工智能在个性化学习和提高学习效果方面的作用是什么？

人工智能在个性化学习和提高学习效果方面发挥了重要作用。以下是一些人工智能在这些领域中的具体应用：

1. 个性化学习：人工智能可以根据学生的个体差异和学习需求，提供个性化的学习体验，从而更好地满足每个学生的学习需求。具体应用包括：
   - 学习路径定制：人工智能可以根据学生的学习历史、兴趣和能力，为其设计定制的学习路径和课程内容，以便更好地适应学生的学习风格和进度。
   - 智能推荐系统：通过分析学生的学习数据和行为，人工智能可以推荐适合学生的学习资源、教材和活动，提供个性化的学习建议。

2. 学习效果提升：人工智能可以通过以下方式提高学习效果：
   - 智能辅助教学：教师可以借助人工智能辅助教学工具，如智能教学助手或虚拟教师助手，来提供更好的教学支持和指导。这些工具可以根据学生的学习情况，提供实时反馈、答疑解惑和个性化指导，帮助学生更好地理解和消化知识。
   - 自动化评估和反馈：人工智能可以自动评估学生的作业、测验和考试答案，并提供即时反馈。这样可以帮助学生及时了解自己的学习成绩和知识掌握情况，发现薄弱点并进行针对性的复习和提高。
   - 智能化辅助工具：学生可以使用智能化的学习辅助工具，如语音识别软件、智能笔记和虚拟实验室等，来增强学习效果和学习体验。这些工具可以提供更丰富的学习资源、实践机会和互动体验，促进学生的主动学习和深入理解。

总体而言，人工智能在个性化学习和提高学习效果方面的作用是通过个性化定制学习、智能辅助教学和自动化评估反馈等手段，为学生提供个性化支持和指导，增强学习效果，帮助学生更好地掌握知识和技能

图 8-16 深入探讨和解释

4）整理和编辑回答：ChatGPT 生成的回答可能是一些段落或片段，我们可以将它们整理、编辑成适合演示的形式。这包括提取关键信息、调整句子结构、确保连贯性和清晰度等。

5）询问补充信息：在内容整理的过程中，如果有需要进一步了解或补充的地方，可以向 ChatGPT 提出相关问题，以获取更多有用的信息和观点。

通过以上步骤，我们可以与 ChatGPT 进行紧密的合作，让它帮助我们整理和填充每个部分的内容。同时，我们需要在整理和编辑过程中保持批判精神，筛选和调整 ChatGPT 生成的内容，以确保其准确性、适用性和质量。这样，我们能够获得更丰富、准确和有说服力的 PPT 内容。

3. 创意和故事构建

要从 ChatGPT 获得创意性思考，可以按照以下方法与它进行互动：

1）提出开放性问题：向 ChatGPT 提出一些开放性问题，以激发其创意性思考。

例如："你认为人工智能在未来教育中的发展方向是什么？"

例如："你能提供一些创新的教育领域中的人工智能应用示例吗？"

2）进行头脑风暴：与 ChatGPT 进行头脑风暴会话，让它提供各种创意和想法。

例如："我们如何利用人工智能来改善学生的创造力培养？"

例如："有没有一些创新的方式，可以将虚拟现实与人工智能相结合，提供更丰富的教育体验？"

3）引入不同视角：请求 ChatGPT 从不同的视角思考问题，以获得多样化的创意。

例如："以学生的角度思考，你认为人工智能可以如何改善学习体验？"

例如："从教师的角度来看，你认为人工智能如何提供更有效的教学支持？"

4）引发联想和比喻：通过提供类比、联想或比喻，激发 ChatGPT 的创意思考能力。

例如："将人工智能比作一位虚拟助教，你认为它可以如何帮助学生实现更好的学习效果？"

例如："将人工智能与导航系统类比，你认为它可以如何引导学生在知识的海洋中航行？"

5）提出挑战性问题：向 ChatGPT 提出一些具有挑战性的问题，以激发其创意性思考和解决问题的能力。

例如："如何利用人工智能技术打破传统课堂教学的限制，创造出更具互动性和个性化的学习环境？"

例如："有没有一种创新的方式，可以利用人工智能辅助学生在编程学习中克服困难和挫折感？"

6）探索交叉领域：向 ChatGPT 提出关于人工智能与其他领域交叉应用的问题，以寻求新颖的创意思考。

例如："将人工智能应用于体育教育，你认为可以有哪些创新的方式来提高运动技能和战术智慧？"

例如："在艺术教育中，你认为人工智能可以如何与创意表达相结合，帮助学生发掘他们的艺术潜能？"

7）提出未来展望：向 ChatGPT 提出关于人工智能在教育领域未来发展的问题，以激发其对未来趋势和可能性的创意性思考。

例如："你认为在未来，人工智能可以如何与教师协同工作，提供更个性化和全面的学习支持？"

例如："在教育技术的快速发展中，你能想象一种创新的场景，展示人工智能在未来学校中的智能化管理和教学功能吗？"

通过与 ChatGPT 的交互，提出创意性思考的问题并引导它的回答，我们可以获得各种创新和有趣的想法。这些例子展示了如何利用与 ChatGPT 的互动来激发创意思维，拓宽我们的思路，提供新的视角和创新的想法，进一步丰富我们的 PPT 内容。

4. 校对和编辑

我们向 ChatGPT 提供以下内容：请帮助我们检查和修正 PPT 中的语法、逻辑和表达问题。ChatGPT 可以提供图 8-17 所示的编辑建议。

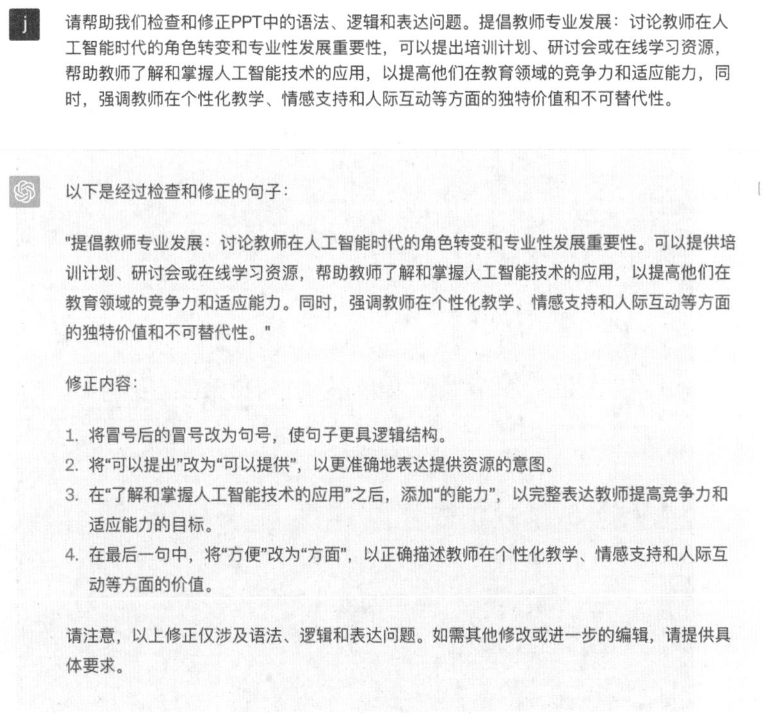

图 8-17　编辑建议

通过与 ChatGPT 的互动，我们可以借助它的智能性和知识广度，发现我们可能忽略的语法错误、不清晰的表达或逻辑漏洞，并及时进行修正和改进。这种交互可以帮助我们提高 PPT 的质量，确保内容的准确性、流畅性和一致性，使我们的演讲更具专业性和说服力。

8.2.3 将文字内容转化为 Markdown 语法

到这里，我们的内容部分就已经生产完毕，但是还不能直接拿去用，需要把准备好的内容使用 Markdown 语法输出。这样 MindShow 就能够自动解析并生成相应的样式和布局。

Markdown 是一种轻量级标记语言，通过简洁的符号和约定快速标记文本的格式和结构。例如，使用星号（*）或下画线（_）可以标记斜体或粗体文本，使用井号（#）可以表示标题级别，使用减号（-）或加号（+）可以表示列表项等。

我们让 ChatGPT 按照规则书写文本，操作非常简单，只需要将内容给到 ChatGPT，并在指令中加一句"以 Markdown 代码形式返回"就可以了，如图 8-18 所示。

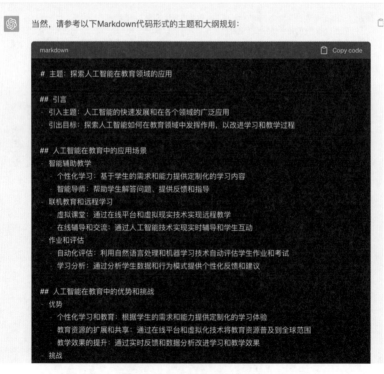

图 8-18 Markdown 代码

8.2.4　使用 MindShow 视觉呈现

点击 ChatGPT 中的 Copy code 将输出结果复制出来，打开 MindShow，点击"导入"按钮，接着点击"Markdown"按钮，然后把复制的内容粘贴到下面的输入框中，最后点击"导入创建"按钮即可，如图 8-19 所示。

图 8-19　在 MindShow 中创建 PPT

进入 PPT 的预览编辑页后，可以看到界面分为左侧和右侧两个区域。在左侧区域，我们可以方便地修改文字内容，根据需要进行编辑和调整。而右侧区域则提供了模板和布局的选择，可以点击具体的样式来改变幻灯片的外观和排版。

在编辑过程中，我们可以随时点击右上角的"演示"按钮全屏查看效果，确保最终呈现效果令人满意。如果在预览中发现问题或需要改进，可以继续返回编辑页，重新调整模板和布局。最后点击"下载"按钮保存 PPT，如图 8-20 所示。

优质的 PPT 制作不仅依赖于工具的技术支持，更需要演讲者的主观能动性和专业素养。ChatGPT 在交互过程中会提供丰富的信息和观点，但我们需要运用自己的判断力和专业知识，对内容进行筛选和优化。然后借助工具设计 PPT 的形式和视觉呈现，在这个过程中我们可以运用自己的创造力和设计思维，添加动画、图表、图片等元素，以增强 PPT 的吸引力和可视化效果。

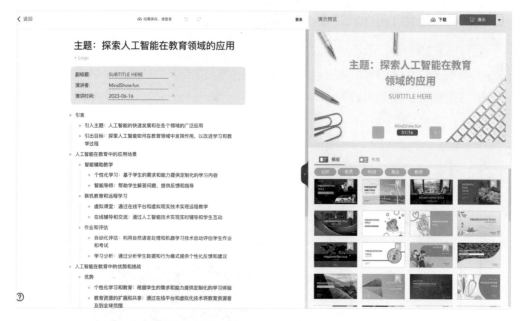

图 8-20　在 MindShow 中排版布局

　　因此，要实现优质的 PPT 制作，我们需要综合运用工具的技术支持、演讲者的主观能动性和专业素养。通过合理筛选、优化内容，并灵活运用创造力和设计思维，创作出令人满意、具有影响力的 PPT 演示，提高信息传达的效果和演讲的质量。

8.3　工具提效：快速制作思维导图

　　思维导图是一种强大的可视化工具，它以非线性的方式展示信息，帮助我们理解问题的全貌，并将各个部分之间的联系清晰地展示出来。思维导图可以应用于各个领域，帮助我们更有效地思考、学习和沟通。

　　在传统的思维导图制作过程中，我们通常需要手动创建结构和添加内容。现在我们可以借助 ChatGPT 这一强大的语言生成模型，更高效地制作思维导图，并结合思维导图工具，创造出具有清晰结构和视觉吸引力的导图。我们可以利用 ChatGPT 辅助生成清晰的层级关系和文字说明。然后使用专门的思维导图软件或工具将文字转化为实际的视觉化思维导图。

　　下面我们将通过实操案例介绍如何利用 ChatGPT 和思维导图工具快速制作思维导图。

8.3.1　用 ChatGPT 生成文本内容

在使用 ChatGPT 生成文本内容之前，了解一些有效的构建方法和设计原则可以帮助我们获得更好的结果。为了确保逻辑性和清晰度，我们可以考虑以下两个方面的安排：主题驱动的思维导图构建和自定义层级结构与样式的思维导图设计。

1. 主题驱动的思维导图构建

我们可以从一个主题出发，利用 ChatGPT 生成相关的关键词和子主题，并将其整理和组织成层级结构的思维导图。通过 ChatGPT 的帮助，我们可以在探索和解释过程中生成相关的概念、要素、方法、步骤、优点、挑战等内容。

对 ChatGPT 进行提问，如图 8-21 所示。

> j　你是我的思维导图助手，帮我创建一个多层次的思维导图，主题是"沟通技巧与有效信息传递"。要求包括至少5个分支主题，为每个分支主题添加至少3个子主题；根据内容需要，为子主题添加更多层次的子主题；内容需要尽可能详细。请使用Markdown代码格式输出

> ⑤　当然，我可以帮你创建一个多层次的思维导图，主题是"沟通技巧与有效信息传递"。以下是根据你的要求创建的思维导图：

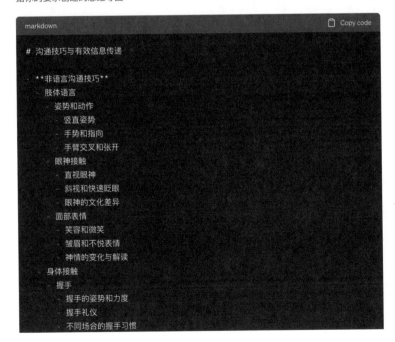

图 8-21　Markdown 代码

注意在给 ChatGPT 提示词时，需要要求"使用 Markdown 代码格式输出"，这是为了让 ChatGPT 生成可以转化为思维导图的 Markdown 格式文本，也就是我们切换到思维导图的大纲模式时的写法。

借助 ChatGPT 的生成能力和 Markdown 格式的输出，结合思维导图工具的层级结构和大纲模式，我们能够更有效地探索和呈现主题的相关内容。这种结合可以帮助我们在思考和学习过程中获得更清晰的思维导向，提升思维的逻辑性和整合能力。

2. 自定义层级结构和样式

我们也可以根据个人的需求和偏好，使用自定义层级结构和样式的思维导图设计。这部分只需要在向 ChatGPT 提问时，尽可能详细地提供更具体的指导和信息，以下是一些示例。

1）主题和子主题

例如：在树状图中，根节点是"健康生活"，子主题包括"饮食""运动""心理健康"。

2）关系和连接

例如：在鱼骨图中，通过连接线将根节点与分支节点连接起来，分支节点分别表示"问题""人员""方法""材料"。

3）格式和样式

例如：使用 Markdown 格式，在思维导图中以加粗的方式显示重要的主题和子主题。

4）细节和说明

例如：在树状图中，子主题"饮食"包括"水果""蔬菜""蛋白质"等细节描述，描述每个子主题的内容和相关细节。

通过提供这些详细的细节描述，我们能够更加明确地指导 ChatGPT 生成与我们期望的思维导图更接近的文字内容。

8.3.2 将 Markdown 代码转换为 md 文件

上面我们创建了 Markdown 代码，为了方便后期转化使用，需要把 Markdown 代码保存为 md 文件，步骤如下：

1）打开一个云端 Markdown 编辑器网站，例如 dillinger.io。

2）在编辑器中创建一个新文件。

3）将生成的 Markdown 代码复制粘贴到新创建的文件中。

4）确保文件保存为 Markdown 格式。

5）在编辑器中选择 EXPORT AS 选项（见图 8-22），并将文件保存在指定的位置。

图 8-22　在 Dillinger 中生成 md 文件

现在，我们就成功地将 Markdown 代码转换为 md 文件了，如图 8-23 所示。

图 8-23　md 文件

8.3.3　在思维导图工具中创建思维导图

打开思维导图工具，这里以 XMind 为例。操作步骤如下：

1）在顶端菜单栏中选择"文件"→"导入"→"Markdown"，XMind 会自动将 md 文件转换为思维导图，如图 8-24 所示。

2）完善思维导图。

在使用思维导图工具时，我们可以通过更改风格、智能配色、添加图标插图等方式，创建出视觉上吸引人且易于理解的思维导图。这些工具提供了丰富的选项和功能，以帮助我们定制和美化思维导图的外观，从而更好地传达和展示思维内容。

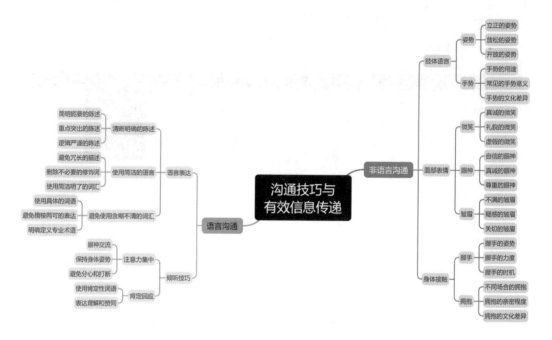

图 8-24　用 XMind 生成思维导图

通过调整风格和布局，我们可以改变思维导图的整体外观和视觉效果。可以选择不同的布局方式，如树状图、鱼骨图、放射状图等，以适应不同的信息结构和层级关系。我们还可以选择不同的字体和字号，以使主题和分支更加突出和易于阅读。

智能配色是另一个重要的功能，它可以根据我们选择的主题或使用的模板，自动为思维导图提供一套协调的配色方案。这些配色方案通常包括一组相互搭配的颜色，用于区分不同的主题、分支和关系。通过使用适当的配色方案，我们可以使思维导图更加美观和易于理解。

除了基本的布局和配色，还可以通过添加图标插图来增强思维导图的可视化效果。思维导图工具通常提供一系列图标库，包括常用的符号、图标和插图，可以用于表示特定的概念、动作或关系。通过将图标插图与文本标签结合使用，我们可以更清晰地表达思维导图中的内容和关系，使其图像化和更具直观性，如图 8-25 所示。

以上就是利用 ChatGPT 和思维导图工具结合，帮助我们快速制作思维导图的过程。

现在，我们拥有许多强大的 AI 工具，能够极大地提升我们的工作效率。借助这些工具，我们可以将重点放在内容的精练和呈现上，而无须花费大量时间和精力在构思和组织上。

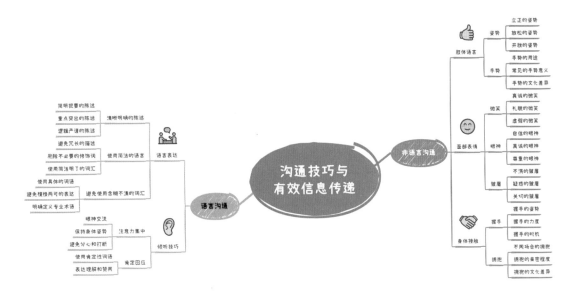

图 8-25　完善思维导图

通过与 ChatGPT 交互，我们可以提出问题、请求帮助，获取对特定主题的详细解释和相关概念，为我们构建思维导图提供信息和灵感。同时，思维导图工具的出现也为我们提供了一个直观、可视化的平台，将思维过程和概念结构呈现出来。利用这些工具，我们可以快速创建、编辑和调整思维导图，使其更加清晰、有条理，更容易理解和传达。

8.4　表达力提升：汇报总结，学会向上管理

每个职场人都面临着工作汇报的任务，可能是日报、周报或其他形式。虽然这听起来可能有些烦琐，但实际上，工作汇报是推动团队成功的关键工具。

那么如何写出高质量的汇报总结呢？ChatGPT 强大的文本能力让它变成我们撰写各类工作汇报的得力助手，能帮助我们提高报告的质量、效率和准确性。

8.4.1　进度导向工作汇报

在工作中，及时的沟通和汇报对于团队的顺利协作和问题解决至关重要。当工作遇到问题时，需要及时汇报，引起团队的关注，并寻求帮助和解决方案。避免问题进一步扩大或对项目产生负面影响。同时，在工作顺利进行时，我们也应该及时汇报。这有助于保持团队的

透明度和沟通效率，提高整个团队的协作效率，并且可以迅速发现潜在的问题或瓶颈，从而及时采取措施进行调整和解决。

1. 进度更新报告

我们先来看一份日报，如图 8-26 所示。

尊敬的领导：

　　我想向您汇报今天的工作进展。以下是详细情况：

　　今天我致力于完成客户A的需求分析和功能规划工作。这是一个重要的任务，它为我们的项目提供了明确的指导和方向。我还花了时间更新项目文档，并将其提交给团队成员审查，以确保我们的文档内容准确无误。

　　同时，我还在编写客户B的项目提案。这是一个复杂的任务，需要仔细考虑客户的需求和市场趋势。我预计今天能够完成初稿，并准备将其发送给团队成员进行反馈。与此同时我与设计团队紧密合作，讨论并优化产品界面，以提升用户体验和产品的价值。

　　在需求分析过程中，我们遇到了客户A的变更请求。我正在与客户进行深入沟通，以确保我们能够满足他们的需求，并及时进行相应调整。

　　接下来，我的计划是继续完善客户B的项目提案，并将初稿发送给团队成员进行反馈。这样可以确保我们在项目进程中获得充分的意见和建议。同时，我将继续与设计团队紧密合作，确保产品界面的优化工作按计划进行，并及时解决任何出现的问题。

　　除了以上任务，我还参加了团队的周例会，并与同事们分享了最新的进展和结果。这为团队成员提供了一个共享知识和协作的机会。另外，我还接收并处理了几个日常的邮件和沟通任务，以确保与团队和客户之间的及时沟通和协调。

　　谢谢您对我的支持和指导。如果有任何需要进一步讨论或指导的事项，请随时告知。

图 8-26　日报示例

这份日报存在冗长和过度详细的问题。尽管提供了每个任务的具体情况和细节，但过多的信息可能会让读者感到疲倦和不耐烦。上面的日报需要进一步精练，将重点放在工作进展的关键点上，以便有效传达信息。

对 ChatGPT 进行提问："你是我的工作汇报助手，根据我提供的文本内容生成一份日报。我的日报中的具体情况和细节过多，看起来太啰唆。要求分成已完成的任务、进行中的任务、遇到的问题、下一步计划和其他事项几个部分，每个部分都简明扼要地总结相关信息，让团队成员和上级能够快速了解工作进展情况。"并附上冗长的版本，让我们看看 ChatGPT 的表现，如图 8-27 所示。

ChatGPT 生成的日报相比之前的版本更加能够满足日报的基本要求，提供了简洁而准确的汇报内容，可为团队协作和管理决策提供必要的信息参考。这个过程中我们也看到了 ChatGPT 的语言理解能力、文本组织和生成能力以及逻辑推理能力，是不是非常厉害呢！

尊敬的领导,

我向您汇报今天的工作进展如下:

已完成的任务:

- 完成了客户A的需求分析和功能规划工作,并提交了更新后的项目文档。

进行中的任务:

- 编写了客户B的项目提案初稿,并准备将其发送给团队成员反馈。
- 与设计团队合作,优化产品界面以提升用户体验和产品价值。

遇到的问题:

- 遇到了客户A的变更请求,正在与客户深入沟通并进行相应调整。

下一步计划:

- 完善客户B的项目提案,并将初稿发送给团队成员反馈。
- 继续与设计团队合作,推进产品界面优化工作。

其他事项:

- 参加了团队的周例会,与同事们分享了最新进展和结果。
- 处理了日常的邮件和沟通任务,确保与团队和客户之间的及时沟通和协调。

感谢您的支持和指导。如果有任何需要进一步讨论或指导的事项,请随时告知。谢谢!

图 8-27 ChatGPT 生成的日报

2. 资源需求报告

有时候在工作中遇到困难或问题时,汇报的目的是向上级或团队寻求支持和帮助。这种汇报通常会重点描述遇到的问题、挑战或障碍,并提出解决方案的建议。它旨在寻求反馈、建议或资源,以克服困难并推动工作进展。

小王是一名项目经理,负责一个重要的产品开发项目。在项目进行的过程中,他们遇到了一系列技术难题和紧迫的工作要求。由于项目规模庞大,小王和他的团队感到压力巨大,无法在规定的时间内完成工作。面对这种情况,小王决定向上级领导寻求人力支持和帮助,以确保项目顺利推进。

对 ChatGPT 的提问和 ChatGPT 的回答如图 8-28 和图 8-29 所示。

你是我的工作汇报助手，帮助我生成一个资源需求报告。我是一名产品经理，负责一个重要的产品开发项目。在项目进行过程中，遇到了一系列技术难题和紧迫的工作要求。由于项目规模庞大，团队感到压力巨大，无法在规定的时间内完成工作。面对这种情况，我们需要向上级领导寻求人力支持和帮助，以帮助项目顺利推进。要求重点描述遇到的问题，并提出解决方案的建议。

图 8-28　资源需求汇报指令

尊敬的上级，

我是负责重要产品开发项目的产品经理，向您汇报我们所面临的问题和对项目推进的需求。在项目过程中，我们遭遇了一系列技术难题和紧迫的工作要求，由于项目规模庞大，团队感到巨大的压力，无法在规定的时间内完成工作。

首先，我们遇到的技术难题包括性能优化、安全性和兼容性。性能瓶颈导致产品在处理大规模数据时的响应时间延长和系统崩溃的风险增加，而数据安全和隐私保护方面存在风险，兼容性问题也妨碍了产品在多个平台和设备上的运行和第三方服务的集成。

为了解决这些问题并推进项目，我们急需人力支持和帮助。我建议向您寻求以下方面的支持：

1. 提供技术专家：加入专业的技术专家团队，为我们提供解决复杂技术难题的方案和指导，加速问题解决的进程。
2. 增加开发人员：扩大开发团队规模，以提高开发速度和产品质量。额外的开发资源可以帮助我们更快地推进项目进度。
3. 加强测试团队：增加测试人员，确保产品在各种场景和环境下的稳定性和兼容性。更多的测试资源可以帮助我们及时发现和修复潜在的问题。
4. 重新评估任务优先级和资源分配：与开发团队和相关部门合作，重新评估当前任务的优先级，并合理分配资源，确保关键任务得到优先完成。

通过以上建议的人力支持和解决方案，我们有信心克服目前的困难，推动项目顺利进行。感谢您的关注和支持。

产品经理

图 8-29　资源需求汇报生成

这份汇报的优点在于清晰明了地传达了关键问题和建议，提供了一个基础框架供进一步讨论和决策。然而，我们也能看到 ChatGPT 的一些不足，比如汇报的语言和表述可能显得有些机械，缺乏个性和针对具体情况的定制化。此外，尽管它提供了解决方案的建议，但并没有深入探讨可能的风险和挑战，这可能对决策过程和资源调配产生影响。

尽管 ChatGPT 展现出强大的文本处理和生成能力，但我们必须意识到它也存在一些局限性。在使用时，仍需要人工审阅和进一步优化，以确保信息的准确性和全面性。

8.4.2　结果导向汇报

结果导向汇报是一种强调项目或工作成果的汇报方式，这种汇报的关注点主要放在实际取得的结果和效果上。汇报者需要用清晰明确的方式描述项目或工作的目标，并详细展示已经实现的成果，包括量化的数据、关键指标和具体的成功案例等。同时，结果导向汇报也强调对结果的解读和分析，从中提取出有价值的经验教训，并提出改进措施和未来的发展方向。通过这种方式，结果导向汇报能够为团队和上级领导提供直观的、可衡量的成果评估，以便做出明智的决策和制订下一步的计划。

下面我们通过一个案例实际操作一下：小张是一名资深销售人员，他从任务一开始就深度参与并承担了重要的角色。现在，他已经到达了任务的一个关键节点，需要向团队和上级领导进行汇报，展示自己的工作成果。

这里我打算让 ChatGPT 自己生成一个适用于上面场景的指令试试看，如图 8-30 所示。

你是我的工作汇报助手，现在针对里程碑式汇报帮助我生成指令，这个指令给到你后，你能给出高质量的回复。
请基于下面的职场场景给我一个可以直接使用的指令，包括任务、背景、要求等。
小张是一名资深销售人员，他从任务一开始就深度参与并承担了重要的角色。现在，他已经到达了任务的一个关键节点，需要向团队和上级领导进行汇报，展示自己的工作成果。

指令：

【任务】：向团队和上级领导汇报工作成果

【背景】：
小张作为资深销售人员，在任务中承担了重要角色，并取得了关键进展。现在，他已经到达了任务的一个关键节点，需要向团队和上级领导汇报他的工作成果。

【要求】：
请以以下要点为基础，向团队和上级领导进行汇报，并陈述你在任务中的重要角色和取得的工作成果。

1. 任务背景和目标：简要回顾任务的背景和目标，确保所有参与者对任务的整体情况有清晰的了解。
2. 个人角色和职责：详细说明你在任务中承担的重要角色和相关职责，强调你的工作在任务中的关键性。
3. 工作成果总结：总结你在任务中取得的工作成果和里程碑，强调与任务目标的关联性和重要性。
4. 关键数据和指标：提供关键数据和指标的分析结果，展示你的工作成果对任务进展的积极影响。
5. 遇到的挑战和解决方案：描述你在任务中遇到的主要挑战，并详细阐述你采取的解决方案以及其成效。
6. 下一步计划：概述你的下一步计划和行动步骤，包括对接下来任务的重点和目标的展望。
7. 感谢和请求支持：表达对团队和上级领导的感谢之情，并恳请他们继续提供支持和指导，以确保任务的成功完成。　　　　Ꮐ Regenerate response

图 8-30　里程碑汇报指令

总的来说这个指令比我自己想的更加全面，尤其是要求部分，看起来是能充分展示出工作成果的。借助 ChatGPT 的生成能力，我们可以节省时间和精力，并获得符合要求的指令。下面我们稍作修改，把指令给到 ChatGPT，如图 8-31 所示。

 汇报人为小张，请以小张的角度修改以上工作汇报

【任务】：向团队和上级领导汇报工作成果

【背景】：

作为资深销售人员，我从任务一开始就深度参与并承担了重要的角色。现在，我已经到达了任务的一个关键节点，需要向团队和上级领导汇报我的工作成果。

【要求】：

请按照以下要求，以我的角度向团队和上级领导汇报我的工作成果，并突出我的重要角色和取得的成绩：

1. 任务背景和目标：
   • 回顾任务的背景和目标，确保大家对任务的整体情况有清晰的了解。
2. 我的角色和职责：
   • 详细说明我在任务中承担的重要角色和相关职责，强调我的工作对任务的关键性。
3. 工作成果总结：
   • 总结我在任务中取得的工作成果和里程碑，突出与任务目标的关联性和重要性。
4. 关键数据和指标：
   • 提供关键数据和指标的分析结果，展示我的工作成果对任务进展的积极影响。
5. 遇到的挑战和解决方案：
   • 描述我在任务中遇到的主要挑战，并详细阐述我采取的解决方案以及其成效。
6. 下一步计划：
   • 概述我的下一步计划和行动步骤，包括对接下来任务的重点和目标的展望。
7. 感谢和请求支持：
   • 表达对团队和上级领导的感谢之情，并恳请他们继续提供支持和指导，以确保任务的成功完成。

以上是我的工作汇报指令，请根据实际情况和任务要求进行详细填写，以展示我的工作成果和角色。感谢您的支持！ ⟳ Regenerate response

图 8-31 里程碑汇报生成

看到答案后感觉总体上能表达销售人员在项目中的成果和重要贡献，也提供了一个清晰的汇报框架。但是作为演示我在指令中并没有给出具体的上下文，在实际操作时大家可以使用具体的数据和指标来支持你的陈述，这样可以更有说服力地展示工作效果。对于汇报的结构和语言表达，可能还需要人工的修改和优化，确保信息的准确传达和聚焦度的提高。

工作汇报在团队的成功中起着至关重要的作用。通过共享信息和协调行动，汇报可以

提高团队的协作效率，解决问题，并为管理层提供决策依据。为了确保高质量的汇报总结，我们可以充分利用 ChatGPT 的文本能力，提高报告的质量、效率和准确性。同时，结合人工审阅和优化，我们可以编写出简洁、准确的工作汇报，从而促进团队的协作和管理决策的成功。

8.5　表达力提升：生成精练会议纪要

在职场中，开会是一种常见而重要的情境，团队成员通常需要召开会议以协作、做决策和传达信息。然而，记录和整理会议内容以生成简洁明了的会议纪要往往是一项烦琐的任务。

幸运的是，ChatGPT 能够帮助我们生成高质量、简洁明了的会议纪要。

8.5.1　生成会议记录模板

我们可以借助 ChatGPT 的智能生成功能，快速创建会议纪要的基本框架，节省时间和精力。比如我们可以向 ChatGPT 提问，ChatGPT 给出的答案如图 8-32 所示。

这个会议记录模板有清晰的结构和明确的要求，涵盖了与会人员、会议议题、讨论内容、决策和行动项等关键要素，能使记录的内容完整和有条理。模板的格式也很规范，易于我们去填写和阅读。然而，依然存在着内容比较宽泛，没有进一步细化议题的具体细节的问题，需要我们在会议期间进行补充和细化，需要根据具体情况进行个性化调整。

总体而言，用这个模板作为一个起点是合理的，实际使用时需要根据具体需求和会议的特点进行调整和完善，以确保会议记录的准确性和可读性。

模板类的生成也是 ChatGPT 发散演绎功能的一种优秀体现。这种能力使得 ChatGPT 在为我们提供定制化的解决方案和工具时具有极大的灵活性和适应性，为我们的工作带来了便利和创新的可能性。

你是我的会议助手，帮我生成一个议题为"社交媒体推广策略制定"的会议记录模板，可以指导我在会议期间记录重要信息并能主持约1小时的会议。我是一名市场营销助理，在负责管理社交媒体账号的过程中需要了解最新的推广策略和行业最佳实践，以提升品牌知名度和影响力。要求符合规范并格式正确。

会议记录模板
会议议题: 社交媒体推广策略制定

日期: [填写日期]
时间: [填写时间]
地点: [填写地点]

会议目标:

1. 确定最新的社交媒体推广策略和行业最佳实践。
2. 讨论如何提升品牌知名度和影响力。
3. 制定具体的推广策略并分配任务。

会议议程:

1. 欢迎与介绍 (5分钟)
   * 主持人对与会人员表示欢迎，并简要介绍会议目标和议程。
2. 现状分析 (10分钟)
   * 介绍当前社交媒体推广策略的效果和成果。
   * 分享市场趋势和竞争对手的做法。
   * 讨论我们的品牌在社交媒体上的存在感和影响力。
3. 最新推广策略和行业最佳实践 (20分钟)
   * 提供关于最新的社交媒体推广策略和行业最佳实践的资料。
   * 强调与我们品牌和目标受众相关的关键策略和实践。
   * 鼓励与会人员分享他们的经验和观点。

图 8-32　会议记录模板生成

8.5.2　整理会议纪要

看到标题想必大家已经能快速在心中建立起流程了，将会议纪要的文字版内容输入给 ChatGPT，并给出相应指令，然后等待它生成会议要点和相关注意事项就可以了。这里为了保护隐私、避免法律风险，我让 ChatGPT 模拟真实会议场景，生成一份会议记录来做案例演示，同时我在这份模拟语音转文字的会议记录中，加入了一些口头语、语气词和无用信息，看看 ChatGPT 能不能识别并删减掉这些内容，生成高质量的会议纪要。

对 ChatGPT 的提问如图 8-33 所示，ChatGPT 的回答如图 8-34 所示。

你是我的会议助手，帮助我根据下面的会议记录内容，生成一份主题为新产品推广计划的会议记录。会议的目的是制定一套综合的社交媒体和线下活动策略，以推广我们的智能手环产品，并提升品牌知名度和市场份额。我们希望通过有效的推广策略，吸引潜在客户，增加销售和用户参与度。要求格式规范、专业、简洁、清晰、准确，分条列出：有利于回顾、回顾和行动的文档能够准确地传达会议的重点和决策结果，并为参与者提供清晰的指导和行动计划。下面是我的会议记录：

主持人 (Alice):嘿大家，谢谢你们都能来参加这个会议。我们今天的讨论主题是我们的新产品推广计划。我想听听大家的意见和建议，先让我来做个简短的介绍。我们的新产品是一款智能手环，具有多项健康监测功能，我们希望通过社交媒体和线下活动来推广它。好，我先开个头，我觉得我们可以从社交媒体渠道入手，比如Instagram和Facebook。谁有任何想法?员工1(John):嗨大家，我觉得我们可以利用微博上的一些健身博主和影响者来合作，让他们试用我们的产品并发布评测视频或推荐文章。这样能够增加产品的曝光度。员工2(Emily):对，我同意John的观点。另外，我们还可以在社交媒体上举办一些互动活动，比如问答、投票或者有奖竞猜。这样可以吸引用户的参与和分享，扩大产品的影响力。员工3(Mike):我认为我们应该考虑与健身房和健身教练建立合作关系。我们可以提供一些特别优惠，比如给他们的会员提供折扣码或独家促销活动。这样可以利用他们的客户群体来推广我们的产品。

图 8-33　整理会议纪要指令和部分会议记录

会议记录：新产品推广计划

日期：[填写日期]
地点：[填写地点]
主持人：Alice

会议目的：制定一套综合的社交媒体和线下活动策略，以推广我们的智能手环产品，并提升品牌知名度和市场份额。通过有效的推广策略，吸引潜在客户，增加销售和用户参与度。

与会人员：

* Alice (主持人)
* John
* Emily
* Mike

会议记录：

1. 介绍新产品
   * Alice简要介绍了新产品是一款智能手环，具有多项健康监测功能。
2. 社交媒体推广渠道
   * Alice建议从社交媒体渠道入手，特别提到了Instagram和Facebook。
   * John建议与微博上的健身博主和影响者合作，让他们试用产品并发布评测视频或推荐文章，以增加产品曝光度。
   * 大家一致同意John的建议。
3. 互动活动
   * Emily建议在社交媒体上举办互动活动，如问答、投票或有奖竞猜，以吸引用户参与和分享，扩大产品影响力。
   * 大家对Emily的建议表示赞同。
4. 合作关系
   * Mike建议与健身房和健身教练建立合作关系。
   * 提供特别优惠，如折扣码或 ↻ Regenerate response 们的客户群体来推广产品。
   * 大家认为这是一个有潜力的合作方式。

图 8-34　会议纪要生成

从整体上看 ChatGPT 的回答还是能比较准确地概括会议的主题、目的和讨论内容，并对社交媒体和线下活动推广策略进行了详细记录。ChatGPT 在语音转文字的全文处理上展现出了它的优势，包括快速而准确地将语音内容转换为书面文字形式，并且保留了参与者的观点和建议。然而在处理复杂的语音内容时存在误解或错误解读的情况。同时，由于缺乏人类的实时判断和辨别能力，ChatGPT 可能无法捕捉到会议中的非语言表达和情感因素。

在拿到这份会议记录后，可以进一步完善和优化它。根据自己对会议的理解和参与者的回忆，添加细节、澄清模糊的表述，确保纪要的准确性和完整性，更好地反映会议的实际情况。

在上面的演示中，我选择了一个不到 1000 字的文本来说明 ChatGPT 可以生成简洁明了的会议纪要。这里需要注意 ChatGPT-3.5 和 ChatGPT-4 可以接收的文本长度是有限制的，这是由其模型的最大 Token 数量决定的。

Token 是语言模型处理文本的最小单位，可以是一个字、一个词或一个子词。随着文本长度的增加，模型需要处理更多的信息，计算成本和存储需求也会增加。由于模型的资源有限，设置最大 Token 数量可以平衡性能和功能。

如果发送了较长的文本，ChatGPT 可能会对长文本进行截断或删减，以适应模型的输入限制。这可能导致一些上下文的丢失或不完整的信息，建议将长文本分为更小的段落或问题，并逐个提交给模型进行处理。总之，为了获得更好的结果，适当地划分文本和问题，并注意限制其复杂性和长度，将有助于提高模型的表现。

参与会议记录的过程，可以帮助我们从更宏观的角度思考问题，并了解公司运作的细节。这个过程涉及整理和总结会议内容，从中获取知识和经验，虽然一开始可能无法立即看到认知上的变化，但是在个人快速成长中无疑能起到重要的作用。

在这个环节中，利用 ChatGPT 作为会议助手，能够极大地提高我们的效率。面对小助手存在的一些限制和不足，我们需要审查和修改，以确保记录的准确性和质量。

8.6 表达力提升：快速搞定职场邮件

处理工作邮件是职场中常见的任务，它是进行正式或商务性沟通的主要方式。

我们仍然可以将 ChatGPT 作为助手，通过与 ChatGPT 的互动，我们可以获得灵感和创意，解决写邮件时的难题。它还可以识别并纠正拼写和语法错误，提高邮件的准确性和可读性。

8.6.1　高效生成职场邮件

因为 ChatGPT 给出的答案质量在很大程度上受到我们提供的信息的影响，所以在邮件场景下，我们需要给 ChatGPT 提供具体的信息和要求，例如指定邮件的目的、内容和受众等。通过向 ChatGPT 提供清晰、准确的信息，可以帮助 ChatGPT 生成更符合邮件分类要求的答案。

举个例子，如图 8-35 所示。

在指令中的背景信息和要求部分，我把邮件的目的、内容、受众、风格语气和一些特殊要求都做了说明。ChatGPT 的回答见图 8-35。

> 你是我的邮件助手，需要根据我的描述帮我写一封询问请求类的中文邮件。我是A医院一名护士，需要给B医院C部门的D主任写一封邮件，请求发送E项目相关的3个文件。要求语言简洁明了，直接表达意思；使用合适的礼貌用语；注意邮件的格式和排版；在邮件中加上其他可以联系我的方式。

> 尊敬的D主任，
>
> 我是A医院的一名护士，非常感谢您过去对我们医院的合作支持。我希望能够向您发送一封邮件，就我们需要的E项目相关文件向您咨询并请求您的帮助。
>
> 首先，我想对您表示诚挚的问候和祝福。希望您在工作中一切顺利，身体健康。
>
> 我们医院目前正在进行E项目的研究和实施，并急需获取与此项目相关的三个文件。我了解到这些文件可能由B医院C部门保管。为了顺利开展我们的工作，我想向您请求帮助，希望能够提供以下文件：
>
> 1. 文件1：　（具体描述文件内容或名称）
> 2. 文件2：　（具体描述文件内容或名称）
> 3. 文件3：　（具体描述文件内容或名称）
>
> 如果您方便的话，能否帮忙指示我们该如何获取这些文件？如果需要填写任何申请表格或是进行其他手续，请您告知相关的步骤和要求，我们将会及时配合。
>
> 为了更好地沟通和协调，如果您有任何问题或需要进一步的信息，请随时与我联系。您可以通过以下方式联系到我：
>
> • 电话号码：　（提供您的电话号码）
> • 电子邮件：　（提供您的电子邮件地址）
>
> 再次感谢您的帮助和支持。期待您的回复，并期望能够尽快获得所需文件。

图 8-35　请求类邮件生成

可以看到 ChatGPT 生成的这封邮件传达了我们请求的目的和需要，我们只需要根据实际需求稍作修改就可以了。但由于 ChatGPT 对英文对话有更多的训练和经验，因此在中文写作方面可能会出现一些不够自然和流畅的地方，需要我们进一步优化以提高语言的流畅性。

表8-1是我们提供的一个职场常见邮件分类要求表格，包括邮件的分类、目的、内容、受众、风格语气、特殊要求，希望能够帮助大家更方便地进行邮件指令的编写。但是在实际应用中可能因公司、行业和工作角色的不同而有所差异，仍需要自行调整指令语的内容。

表 8-1　职场常见邮件

分类		目的	受众	风格语气	特殊要求
信息传递	工作报告邮件	向上级或团队成员汇报工作进展、成果和问题	上级、团队成员	正式客观	无
	项目更新邮件	向项目团队成员分享项目进展、里程碑完成情况以及下一步计划	项目团队成员	直接客观	无
	会议纪要邮件	将会议内容、讨论结果和行动项以文本形式发送给与会人员	与会人员	简明客观	无
	文件附件邮件	发送重要文件、文档或表格，确保团队成员可以获取所需资料	团队成员	直接正式	说明附件名称和用途
询问和解答	问题咨询邮件	向同事或上级提出具体问题，并请求他们给予解答或建议	同事、上级	礼貌直接	说明问题背景和具体要求
	技术支持邮件	向技术支持团队报告问题、故障或寻求技术帮助	技术支持团队	专业客观	说明问题描述和相关环境信息
	建议反馈邮件	提供对某个方案、流程或策略的建议、意见或反馈	相关团队、管理层	诚恳建设性	提供具体建议和改进方案
协调和安排	会议安排邮件	邀请参会人员、确定会议时间、地点和议程，并提供必要的会议资料	参会人员	礼貌明确	提供会议主题、时间和地点
	项目计划邮件	与项目团队成员共享项目计划、时间表、任务分配和进度更新	项目团队成员	直接正式	说明项目关键节点和责任人
	日程安排邮件	与同事或合作伙伴协商、确认共同可行的会面时间和地点	同事、合作伙伴	礼貌灵活	提供多个可选时间和地点
表达感谢和赞扬	感谢邮件	向同事或合作伙伴表达感谢，感谢他们的支持、合作或出色的工作表现	同事、合作伙伴	友好真诚	表达具体的感谢和理由
	赞扬邮件	向个人或团队传达赞赏和肯定，表扬他们在特定任务或项目中的优秀表现	个人、团队	积极赞美	描述具体的成就和贡献

续表

分类		目的	受众	风格语气	特殊要求
建立和维护关系	客户联络邮件	与客户保持联系、分享业务信息、提供支持和解答问题	客户	友好专业	适应客户的语气和需求
	合作伙伴合作邮件	与合作伙伴沟通、协商合作细节、商讨共同项目或营销活动	合作伙伴	合作目标导向	确定共同目标和责任分工
	社交邮件	与同行、业界专家或潜在合作伙伴建立联系、分享行业见解或邀请参加活动	同行、业界专家	友好互动	表达具体的合作或交流意向

8.6.2　职场邮件回复

在邮件往来中，回复邮件也是非常重要的环节。当我们收到他人的邮件时，及时、恰当地回复对方是建立和维护良好工作关系的关键之一。

回复邮件展示了我们对发件人的尊重和关注，表明我们重视对方的意见和需求。除此之外，回复邮件还有助于保持沟通的连续性和高效性。通过及时回复，我们可以迅速解决问题、提供所需信息或给出明确的反馈意见，避免延误工作进程或引起误解。

如何让 ChatGPT 在这个环节给我们提供更好的帮助呢？我们让前面案例中的 D 主任写一封回复邮件吧！如图 8-36 所示。

ChatGPT 生成的回复邮件，满足了我们在指令里对回复邮件的要求，但是可能稍微有些正式，修改的时候可以在表达中加入更多的亲和力和个性化表达。

在利用 ChatGPT 生成邮件回复时，提供上下文是至关重要的。将原始邮件的内容或问题作为上下文明确提供给 ChatGPT，有助于生成更准确、连贯的回复。

提供上下文可以通过多种方式实现。可以在回复邮件中贴上原始邮件的部分或全部内容，以确保 ChatGPT 了解对方的要求、问题或需求。另一种方式是在描述中详细概括对方提到的关键信息，包括具体的项目、文件名称、日期、地点等。这些细节有助于模型准确地理解并生成相关回复。

你是我的邮件助手，需要根据我的描述帮我写一封针对询问请求类的邮件回复。我是B医院C部门的D主任，需要给A医院一名护士回复邮件。对于对方在邮件中提到的发送E项目相关的3个文件表示同意，并且在附件中体现。要求语言简洁明了，直接表达意思；对下级使用合适的礼貌用语；注意邮件的格式和排版，使用适当的字体、字号和间距。

尊敬的（护士姓名）同事，

非常感谢您来信并向我们提出了关于E项目文件的请求。我很高兴告知您，我们非常愿意协助您，并已准备好将所需的三个文件发送给您。

附件中包含了以下文件：

1. 文件1：（具体描述文件内容或名称）
2. 文件2：（具体描述文件内容或名称）
3. 文件3：（具体描述文件内容或名称）

这些文件是E项目的关键资料，我们希望它们对您的工作有所帮助。如果您还需要其他相关的文件或有任何其他问题，请随时与我联系，我将竭诚为您提供支持。

在此，我也想借此机会表达对您在E项目中的辛勤工作和付出的感谢。您的专业知识和努力对于项目的顺利推进至关重要，我们衷心感激您的付出。

如果在后续的工作中，您需要进一步的支持或有其他需求，请随时与我联系。我期待我们的合作，并愿意在任何可能的方式上提供帮助。

祝您工作顺利，一切安好。

最诚挚的问候，

D主任
B医院C部门

图 8-36　回复邮件生成

8.6.3　在邮件场景下使用 ChatGPT 的注意事项

在邮件场景下使用 ChatGPT 时，我们需要注意一些事项：

1. 保护敏感信息的安全性和保密性是至关重要的。在使用 ChatGPT 撰写或回复邮件时，我们应当谨慎处理个人隐私、商业机密和其他保密内容。避免明确提及敏感信息是一项基本的原则，我们可以使用替代词或概括性的描述来保护敏感数据。此外，当有必要时，我们还可以采取一些措施，如删除、模糊或加密敏感数据，并限制邮件的接收者范围，以降低信息泄露的风险。

2. 我们必须遵守适用的法律法规和组织规定，确保信息的合法使用、安全传输和妥善保存。合法使用信息意味着我们需要尊重个人隐私和知识产权等法律要求。为确保安全传输，我们应该使用加密协议和安全的网络连接来发送邮件。此外，妥善保存信息也是非常重要的，我们应该遵循组织规定的数据保留政策，并采取适当的措施来保护数据免受未经授权的访问或损坏。

3. 由于 ChatGPT 的训练数据源于广泛的领域和主题，对于编写各类常见的商务邮件不在话下。可以提供一般性的写作建议、语法纠正、组织结构和内容建议等方面的帮助。但是对于某些高度专业化、技术性极强的行业，如法律、医学、科学研究等，需要深入专业知识和领域经验，它的能力可能会受到限制。在这些情况下，需要我们发挥主观能动性确保邮件内容的准确性和专业性。

8.7　表达力提升：快速写出高质量文案

在现代职场中，文案扮演着重要的角色。无论是需要一个创意开头、一个引人入胜的故事，还是一个有说服力的销售话术，ChatGPT 都能根据我们提供的信息和引导，提供有价值的创意和灵感。

下面将探讨一些利用 ChatGPT 生成文案的技巧，充分挖掘 ChatGPT 的潜力，创造令人满意的高质量文案。

8.7.1　角色定位策略

在使用 ChatGPT 生成文案之前，通过告知 ChatGPT 它所扮演的角色以及我们的角色，可以帮助 ChatGPT 更好地理解任务的背景和要求。

在对话开始前，明确告知 ChatGPT 它要扮演的角色，比如"你是一个市场营销专家……""你是一个小学二年级数学教师……"在对话过程中，以 ChatGPT 所扮演的角色为基础，提出相关问题或任务要求，让 ChatGPT 从特定角度思考和回答，如图 8-37 所示。

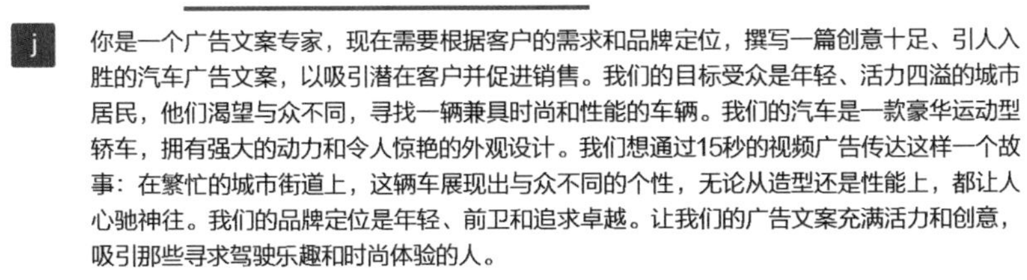

> 你是一个广告文案专家，现在需要根据客户的需求和品牌定位，撰写一篇创意十足、引人入胜的汽车广告文案，以吸引潜在客户并促进销售。我们的目标受众是年轻、活力四溢的城市居民，他们渴望与众不同，寻找一辆兼具时尚和性能的车辆。我们的汽车是一款豪华运动型轿车，拥有强大的动力和令人惊艳的外观设计。我们想通过15秒的视频广告传达这样一个故事：在繁忙的城市街道上，这辆车展现出与众不同的个性，无论从造型还是性能上，都让人心驰神往。我们的品牌定位是年轻、前卫和追求卓越。让我们的广告文案充满活力和创意，吸引那些寻求驾驶乐趣和时尚体验的人。

图 8-37　广告文案指令

同样地,利用ChatGPT的角色构建能力,我们也可以让它扮演指令专家,如图8-38所示。

> 我希望你是一个ChatGPT的提示生成器,能根据我发送的内容(可能是一个词、一句话)生成一个ChatGPT提示,要求提示以"你是一个"开头,根据这个角色的工作扩展提示,生成高质量有效的中文提示词。如果明白,请回答

> 明白了,我可以根据您发送的内容生成以"你是一个"开头的中文提示词。请告诉我您希望生成提示的内容是什么。

> 广告文案

> 你是一个广告文案师:
>
> 1. 创意构思:你是一个广告文案师,擅长挖掘产品或服务的独特卖点,并将其转化为吸引人的创意构思,帮助品牌在竞争激烈的市场中脱颖而出。
> 2. 文字魅力:你是一个广告文案师,擅长运用言简意赅的文字表达,通过独特的叙述和幽默感,引发潜在客户的共鸣,并促使他们采取行动。
> 3. 情感共鸣:你是一个广告文案师,善于捕捉人们的情感需求,通过感人、温馨或激励人心的文字,打动观众的心灵,增强品牌与消费者之间的情感连接。
> 4. 品牌塑造:你是一个广告文案师,能够深入了解品牌的核心价值和定位,通过精准的词语选择和情感营造,塑造出与品牌形象相符的广告文案,提升品牌的知名度和影响力。
> 5. 故事叙述:你是一个广告文案师,具备优秀的叙事能力,能够将品牌或产品融入一个引人入胜的故事情节中,引发观众的好奇心,使他们对广告产生浓厚的兴趣。
>
> 希望这些提示能够满足您的需求!如需更多帮助,请随时告诉我。

图 8-38　指令生成器

角色定位策略能够帮助 ChatGPT 明确角色和任务要求,以便更准确地理解和回应特定的需求。但是作为一个通用的语言模型,ChatGPT 本身没有具体的职业身份或专业知识,也无法提供真实世界的经验。因此,在与ChatGPT 交互时,需要自行评估和判断其回答的适用性。对于真正的专业问题和决策,需要根据自身经验判断或者咨询相关专业人士。

8.7.2　深度挖掘引导

深度挖掘引导是一种通过逐步深入对话的方式,引导 ChatGPT 提供更多细节和创意,从而获得更丰富、多样化的文案生成结果。

首先我们可以提供一个整体框架或主题,让 ChatGPT 给出基本的概述或大纲。比如我是一名内容编辑,现在需要撰写一篇与职场写作相关的文章,这时可以让 ChatGPT 提供一些题目供我选择,如图 8-39 所示。

我是一名内容编辑，现在需要撰写一篇与职场写作相关的文章。请提供一些题目供我选择

当然！以下是一些与职场写作相关的题目供您选择：

1. "职场写作技巧：如何撰写清晰有效的电子邮件"
2. "打造专业形象：职场写作中的语言和文体"
3. "沟通无障碍：职场写作中的良好语气和积极态度"
4. "职场写作中的关键信息传递：如何编写简洁而有力的报告"
5. "解密职场写作：写作过程中的计划、草稿和编辑"
6. "职场写作的艺术：如何在商务信函中使用适当的语气和礼貌用语"
7. "在职场中建立强大的口头和书面沟通能力"
8. "职场写作中的有效组织：如何撰写清晰的备忘录和工作计划"
9. "如何应对职场写作中的常见挑战和难题"
10. "从好到优秀：职场写作中的修辞和表达技巧"

希望这些题目能够激发您的灵感，祝您撰写出出色的文章！

图 8-39　选题生成

然后根据 ChatGPT 的回答，针对每个部分或具体细节进行更深入的询问和引导，以获得更多的裂变效果，扩展文案生成的数量和质量，如图 8-40 所示。

根据"打造专业形象：职场写作中的语言和文体"帮我写一个大纲

当然！以下是一个关于"打造专业形象：职场写作中的语言和文体"的大纲供您参考：

I. 引言
A. 引入职场写作的重要性和专业形象的关联
B. 引出本文讨论的主题：职场写作中的语言和文体

II. 职场写作的基本原则
A. 清晰度和简洁性：使用明确、简洁的语言表达
B. 正确性和准确性：避免拼写、语法和标点错误
C. 敬业精神和专业性：以专业的态度和语气编写

III. 语言选择和表达风格
A. 避免俚语和口头化表达：选择正式和适当的词汇
B. 使用第一人称和第三人称：根据写作目的和场合选择适当的人称
C. 避免复杂的从句和冗长的句子结构：保持句子简洁易懂

IV. 文体和格式选择
A. 电子邮件的文体要求：简洁、明确、礼貌和专业
B. 商务信函的格式要求：信头、称呼、正文、结尾等
C. 报告和备忘录的结构和布局：目录、标题、段落等

V. 专业形象的维护
A. 注意语气和措辞：礼貌、尊重和正面的表达方式
B. 避免情绪化和主观性：客观、中立的语调
C. 校对和编辑：确保文档没有拼写和语法错误

图 8-40　大纲生成

深度挖掘引导是一种逐步扩展对话的方法，其目的是引导 ChatGPT 提供更多详细信息和创意，以增加文案生成的丰富性和多样性。尽管 ChatGPT 在理解和回答某些细节上可能存在限制，但可以通过进一步的引导和反馈来提升生成结果的准确性和质量。

8.7.3 有效反馈策略

有效反馈策略指的是在与 ChatGPT 对话的过程中，无论回答是否有效，都积极给出反馈。这样可以帮助 ChatGPT 记住并纳入反馈内容，进一步改进其回答和生成结果。通过具体的反馈，可以提高 ChatGPT 对任务要求的理解和响应能力。

在对话过程中，对于 ChatGPT 回答的部分给出积极的反馈，同时提出改进的建议，强调任务要求和期望结果，确保 ChatGPT 对要求的理解与预期一致。也可以将 ChatGPT 的回答与所需的标准进行比较，指出回答的优点和不足，并提供具体的指导，如图 8-41 所示。

> **J** 帮我写个关于智能手表的文案
>
> 🤖 智能手表——连接你与未来的时尚智慧伙伴
>
> 随着科技的飞速发展，智能手表正逐渐成为现代生活中不可或缺的时尚智慧伙伴。它不仅仅是一块时尚配饰，更是一项强大的多功能设备，将科技与时尚完美融合。
>
> 智能手表不仅能够精确地显示时间，还能提供诸多实用功能，使你的生活变得更加便捷和高效。无论是监测健康状况、管理日程安排还是掌握实时信息，智能手表都能胜任。它的智能追踪功能可以监测你的步数、心率、睡眠质量
>
> **J** 很棒，但是我希望文案能够简洁一些，现在太长了
>
> 🤖 智能手表——时尚智慧的完美伙伴
>
> 智能手表，时尚与智慧的结合。它不仅是一块时尚配饰，更是一台多功能设备，让你的生活更加便捷和高效。
>
> 监测健康、管理日程、获取实时信息，智能手表应有尽有。它能追踪你的步数、心率、睡眠质量等健康数据，让你更了解自己。
>
> 智能手表，与未来连接。体验科技与时尚的完美交融，从此开启智慧生活新篇章。

图 8-41　反馈建议

有效反馈策略能够帮助 ChatGPT 记住反馈内容，并在后续回答中进行改进，提高生成文案的质量和符合要求的程度。在某些情况下，ChatGPT 可能需要更多的具体指导和反馈来进一步改进回答。

8.7.4　案例分析引导

案例分析引导是一种利用ChatGPT进行案例分析和模仿的技巧,以提高文案创作的能力。通过提供案例,分析其特点,并通过模仿和对标的方式,引导 ChatGPT 生成更加贴合目标要求的文案。

我们可以提供一个具体案例作为参考,可以是类似的产品、目标市场或成功的营销案例。对案例进行详细分析,突出其关键特点和成功因素,如图 8-42 所示。引导 ChatGPT 通过模仿案例并结合目标要求,生成符合要求的文案,注重提升文案的质量和效果,如图8-43所示。

1.请帮我分析下面的产品推广活动的案例。
2.结合案例分析中的关键特点和成果因素,以及不足之处的建议,生成一个关于蓝莓蛋糕的推广活动。

图 8-42　案例分析指令

1. 产品推广活动案例分析:

　　假设案例是一家咖啡店推出了一种新的特色咖啡饮品,他们进行了以下推广活动:

　　关键特点:

* 社交媒体宣传:咖啡店利用Facebook、Instagram和Twitter等社交媒体平台发布了有关新特色咖啡饮品的信息和图片,并通过有趣的内容吸引了大量粉丝的注意。

* 限时优惠:店主决定在推出新特色咖啡饮品的第一个月内提供折扣优惠,以鼓励更多的顾客尝试新产品。

* 试饮活动:咖啡店在推出新特色咖啡饮品的前几天举办了试饮活动,让顾客免费品尝,并鼓励他们分享自己的体验。

　　成果因素:

* 增加品牌知名度:通过社交媒体宣传和试饮活动,咖啡店成功地吸引了更多的关注,提高了品牌知名度。

* 增加销量:限时优惠吸引了更多的顾客尝试新特色咖啡饮品,从而增加了销量。

* 用户口碑传播:通过试饮活动,顾客可以亲身体验新产品,并将其体验分享给朋友和家人,增加了口碑传播的机会。

　　不足之处和建议:

* 目标市场定位:案例中未提及咖啡店对目标市场的定位和调研。建议在推广活动之前,咖啡店应该明确定位目标市场,并制定相应的推广策略,以吸引潜在顾客。

* 渠道多样性:案例中只涉及社交媒体平台的推广,建议咖啡店探索其他渠道,如电视、广播、印刷媒体等,以扩大推广覆盖面。

* 持续营销策略:案例中只有限时优惠活动,建议咖啡店在推广活动结束后制定持续的营销策略,以保持顾客的兴趣和参与度。

2. 关于蓝莓蛋糕的推广活动示例:

　　关键特点:

* 品鉴活动:举办蓝莓蛋糕品鉴活动,邀请潜在顾客和美食博主

图 8-43　产品推广文案生成

案例分析引导能够通过对成功案例的分析和模仿，帮助 ChatGPT 生成更贴合目标要求的文案，提高文案创作的能力和效果。

8.7.5 关键词限定策略

关键词限定策略是一种利用关键词或主题限制来引导 ChatGPT 生成与特定主题相关文案的技巧。通过明确指定关键词或主题，可以确保生成的文案围绕特定主题展开，提高文案的相关性和准确性。

在与 ChatGPT 的对话中明确提及关键词或主题，确保 ChatGPT 理解生成文案的主要方向。强调关键词或主题的重要性，并要求 ChatGPT 围绕这些关键词展开描述和提供相关信息。比如："我们需要一个关于新产品发布的文案，请围绕'创新'和'高性能'这两个关键词进行描述。"

关键词限定策略可以引导 ChatGPT 在生成文案时聚焦特定的关键词或主题，提高文案的相关性和准确性，符合特定需求和要求。

8.7.6 温度参数调控

温度参数控制生成文本时模型选择下一个词的随机程度。较高的温度值使得模型更加随机，产生更多变化的输出，文案更具创意性和多样性，更加随机，突出了独特性和活力，让人感受到更多的创意和乐趣；而较低的温度值使文案更加保守和确定，更倾向于选择高概率的下一个词，因此文案内容更加稳定、传达的信息较为明确。在发出指令时我们可以明确指出希望调控的温度参数，可以使用下面的表述方式：

"请将温度参数设置为较低 / 较高 / 中等值。"

"我希望调整温度参数为 0.3/0.8/0.5（具体数值）。"

"能否增加一些创造性？请将温度调高一点。"

"我需要更保守一些的文案，请将温度参数设置为 0.2 左右。"

……

下面我们来看图 8-44 所示的效果。

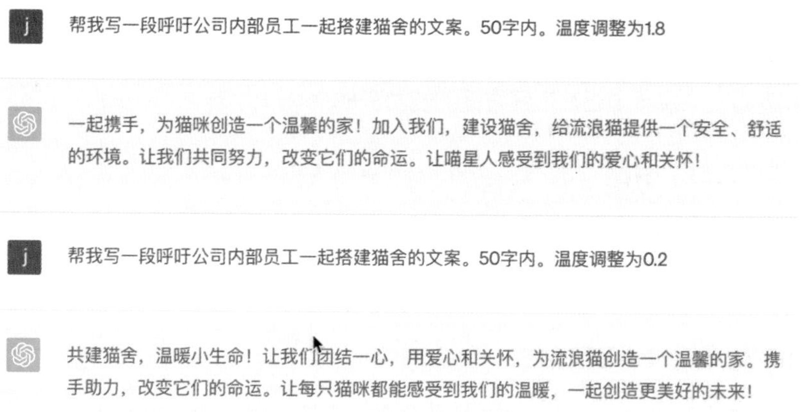

帮我写一段呼吁公司内部员工一起搭建猫舍的文案。50字内。温度调整为1.8

一起携手，为猫咪创造一个温馨的家！加入我们，建设猫舍，给流浪猫提供一个安全、舒适的环境。让我们共同努力，改变它们的命运。让喵星人感受到我们的爱心和关怀！

帮我写一段呼吁公司内部员工一起搭建猫舍的文案。50字内。温度调整为0.2

共建猫舍，温暖小生命！让我们团结一心，用爱心和关怀，为流浪猫创造一个温馨的家。携手助力，改变它们的命运。让每只猫咪都能感受到我们的温暖，一起创造更美好的未来！

图 8-44　温度参数对比

温度参数调控可以根据需求调整文案生成的创造性和多样性，提供更加灵活的控制，适应不同文案风格和要求。需要注意的是，过高的温度值可能导致生成的文案过于随机和不稳定，不符合特定任务的要求。在调整温度参数时进行适当的迭代和尝试，以获得最佳的生成效果。

利用 ChatGPT 可以帮助我们快速生成文案。它能够为我们提供创意灵感、关键信息和优化。随着技术的不断进步，我们可以进一步探索更多基于人工智能的工具和方法，以更好地满足职场文案的需求。这些工具可以提供更多的创意启发、语法和拼写纠正、信息优化和受众分析等功能，进一步提升文案的质量和效率。然而，在使用这些工具时，我们依然需要保持人的主导地位，运用专业判断和审美眼光，确保最终产出符合目标和期望。

8.8　职场发展：搞定述职报告

年终述职是评估个人工作表现和职业发展的关键环节。通过全面回顾和总结过去一年的成绩和经验，年终述职可以展示个人的能力、贡献和成长，同时为未来的职业规划和目标设定提供重要参考。这不仅是一项工作，更是一次关键的机遇，我们应该倍加珍惜，并以积极的态度和准备迎接挑战。

通过与 ChatGPT 进行交互，可以获取智能化的回答和建议，辅助个人撰写述职报告。

8.8.1　述职的三个基本模块

年终述职报告由多个模块组成，这些模块的划分依据主要是根据员工的职责和工作内容进行分类，以全面评估员工在不同方面的表现。尽管在不同公司可能有所不同，但通常包括业绩、问题和规划这三个基本模块。按照这个逻辑去划分，可以帮助我们进行个人的自我反思，通过结构化的方式来展示自己在不同方面的能力和成就。

8.8.2 关键成果与绩效评估

在这个模块中，我们需要梳理出自己的核心指标，全面评估和展示自己的工作成果，为自己的职业发展和绩效评估提供有力支持。

1）回顾在过去一年中承担的工作项目和任务。

列出每个项目的名称、目标和所负责的任务。在这个过程中，在投喂给 ChatGPT 相关资料后，可以进行相关内容的询问，如表 8-2 所示。

表 8-2　项目回顾

角度	使用 ChatGPT 进行相关内容询问的示例
项目名称和目标	● 在过去一年中，我承担了多个项目，其中一个是关于 ××× 的。你能帮我回顾一下这个项目的名称和目标吗？ ● 我在过去一年负责了一个名为 ××× 的项目。你能帮我描述一下这个项目的目标是什么吗？ ● ……
任务和职责	● 在 ××× 项目中，我负责的具体任务有哪些？ ● 对于这个项目，我承担了一些具体的任务和职责。你能帮我列举我在这个项目中的职责是什么吗？ ● ……
项目成果和影响	● 在过去一年中，我参与的一个重要项目是 ×××。这个项目取得了什么样的成果和影响？ ● 我想了解一下，我的工作在 ××× 项目中的贡献如何体现在项目的成果和影响上？ ● ……

2）对每个项目或任务，尽量找到可量化的成果或结果。可以是具体的数据、指标、收入增长、成本节约、客户满意度提高等，如表 8-3 所示。

表 8-3 可量化的成果

角度	使用 ChatGPT 进行相关内容询问的示例
具体数据和指标	• 针对过去一年的工作成果,有哪些具体的数据和指标可以量化描述? • 我想了解一下,我在某个具体项目中取得的成果有哪些具体的数据和指标可以衡量? • ……
收入增长和成本节约	• 在过去一年中,我的工作是否对公司的收入增长或成本节约产生了影响?有相关的数据可以支持吗? • 我在某个项目中努力提高了效率,是否有具体的成本节约数据可以与之对应? • ……
客户满意度提高	• 我在与客户合作的项目中,是否有客户满意度提高的数据可以体现我的工作贡献? • 我希望了解一下,在过去一年的客户项目中,是否有相关的客户满意度数据可以支持我的工作成果? • ……

3)收集与自己成果相关的数据和信息。可能包括报告、销售数据、绩效评估结果、客户反馈等,如表 8-4 所示。要确保这些数据是准确、可靠的,并且和自己的工作成果是相对应的。

表 8-4 与自己相关的成果

角度	使用 ChatGPT 进行相关内容询问的示例
销售数据和绩效评估结果	• 我希望了解一下,我收集的销售数据和绩效评估结果与我的工作成果是否匹配? • 在过去一年的销售数据和绩效评估中,是否有具体的数据可以证明我的贡献? • ……
客户反馈和评价	• 我收集了一些客户反馈和评价,你能帮我确认一下这些反馈和评价对我的工作成果的影响吗? • 在客户合作过程中,我得到了一些积极的反馈。你能帮我确定这些反馈与我的工作成果是否相关吗? • ……

4)编写简明扼要的成果陈述。我们可以通过表 8-5 的案例话术获得高质量的答案。

表 8-5　成果陈述

角度	使用 ChatGPT 进行相关内容询问的示例
角色和工作背景	• 我是一位市场营销助理。在根据我提供的工作信息和数据编写成果陈述时，你能帮我考虑一下市场营销领域的特定词汇和术语吗？ • 对于市场营销助理的工作，你能根据我的信息和数据，帮我突出体现我在市场营销方面的贡献和影响吗？ • ……
突出工作成果和目标对应	• 我希望我的成果陈述能够准确突出我的工作成果并与工作目标一致。你能帮我确保陈述的准确性和一致性吗？ • 在编写成果陈述时，我希望能够明确地表达我的工作成果与目标的对应关系。你能协助我在这方面做出突出的描述吗？ • ……
个人贡献和影响力	• 我想强调我在工作中的个人贡献和影响力。你能帮我找到合适的词语和动词来描述我的贡献吗？ • 在成果陈述中，我希望能够突出我在团队或组织中的个人贡献。你能为我提供一些建议或关键词吗？ • ……

以上每个步骤里的提问框架，能够帮助我们清晰而准确地突出工作成果。但是具体成果陈述的质量还受到其他因素的影响，比如数据的准确性和完整性，以及陈述的整体逻辑和语言表达的准确性。因此，在实际应用时，需要结合实际情况进行适当的调整和优化，以确保成果陈述的准确性和说服力。

8.8.3　挑战与解决方案

这个模块关注我们在工作中遇到的问题和挑战，以及解决问题的能力。需要说明面临的困难、挑战和障碍，以及自己采取的解决方案和取得的成效。这个模块的目的是评估员工的问题解决能力、创新思维和适应能力。

ChatGPT 在这部分可以提供参考和例子，帮助我们敏锐地发现问题并提出解决思路，同时优化语言，让我们的报告思路更加清晰，逻辑性更强。请看下面的具体操作步骤和提问示例。

1. 回顾过去一年的挑战

回顾过去一年在工作中遇到的具体挑战，例如项目期限紧迫、资源不足、团队合作问题等，如表 8-6 所示。

表 8-6　遇到的挑战

角度	使用 ChatGPT 进行相关内容询问的示例
挑战类型	在过去一年的工作中，出现了哪些类型的挑战？
挑战的具体描述	详细描述这些挑战的具体情况和困难。
挑战对工作的影响	这些挑战对工作产生了怎样的影响？

2. 描述挑战的背景和影响

提供详细的背景信息，解释挑战对工作和团队的影响，包括工作延迟、质量问题、客户满意度下降等，如表 8-7 所示。

表 8-7　挑战的背景和影响

角度	使用 ChatGPT 进行相关内容询问的示例
挑战的背景信息	能提供一些关于这些挑战的背景信息吗？这些挑战是如何产生的？
影响工作和团队的具体情况	这些挑战对工作和团队有哪些具体的影响？比如工作延迟、质量问题、客户满意度下降等。
挑战对个人的影响	这些挑战对个人的工作表现和发展有何影响？

3. 分析解决方案

阐述您采取的具体解决方案，例如制订优先级计划、调整资源分配、改进沟通渠道等。解释每个解决方案的原理和预期效果，并说明扮演的角色和贡献，如表 8-8 所示。

表 8-8　解决方案

角度	使用 ChatGPT 进行相关内容询问的示例
采取的解决方案	针对这些挑战，有哪些具体的解决方案被采纳？
解决方案的原理和预期效果	每个解决方案背后的原理是什么？预期能够带来怎样的效果？
扮演的角色和贡献	在解决这些挑战的过程中，我当时所扮演的角色是什么？在其中有何贡献？

4. 行动和结果

详细描述您采取的行动步骤，包括与团队成员的协作、与利益相关者的沟通等。提供具体的结果和成就，例如项目按时交付、问题解决率提高、客户满意度回升等，如表 8-9 所示。

表 8-9　行动和结果

角度	使用 ChatGPT 进行相关内容询问的示例
行动步骤	请描述我当时采取的具体行动步骤是什么？

角度	使用 ChatGPT 进行相关内容询问的示例
结果和成就	这些行动步骤带来了怎样的结果和成就？请量化描述这些结果。
与团队成员和利益相关者的协作和沟通	我当时与团队成员和利益相关者进行了怎样的协作和沟通？对于解决挑战和取得成果有何影响？

ChatGPT 能够帮助我们敏锐地发现问题并提出解决思路，同时优化语言，使我们的思路更加清晰和逻辑性更强。通过提问框架和案例示例，我们可以更清晰地描述遇到的挑战、展示解决方案的创新性与效果、强调在解决问题中的经验成长。

8.8.4　职业发展与目标规划

我们需要基于前两个模块提出自己的目标和规划，并有逻辑地展开规划。规划可以按照工作内容或时间划分。我们需要根据自己的工作岗位和实际情况，提出具体可行的目标和规划，这样可以让领导更加认可我们的工作能力和计划能力。

ChatGPT 可以根据我们的实际情况提供具体可行的目标和规划，并优化语言，让我们的规划更有逻辑性。

1. 职业目标和愿景

清晰地表达您在职业发展方面的长期目标和愿景，例如晋升到管理层、成为专业领域的专家等，如表 8-10 所示。

表 8-10　目标和愿景

角度	使用 ChatGPT 进行相关内容询问的示例
长期目标	根据我的职业判断职业发展长期目标是什么？ 我能多长时间内实现这个目标？
愿景	根据我的职业有什么职业发展的愿景推荐？ 实现这个愿景需要具备哪些关键要素和能力？
对目标和愿景的价值观	这些职业目标和愿景对我个人的发展意义是什么？ 这些目标和愿景与我所在行业或组织的发展方向有何关联？

2. 自我评估和反思

分析自身的职业优势和改进空间，例如技能、知识、领导力等。反思过去一年的职业发展经验，包括成功案例、教训和成长机会，如表 8-11 所示。

表 8-11　自我评估和反思

角度	使用 ChatGPT 进行相关内容询问的示例
职业优势	你认为我在哪些方面具有职业优势？ 这些职业优势如何在过去一年的工作中得到展现和发挥？
改进空间	你认为我在哪些方面有改进空间？ 在我过去一年的工作中，你发现了哪些需要改进的方面？
成功案例	能选取一个我在过去一年中取得的职业成就案例吗？ 你判断这个案例对我的职业发展产生了哪些积极的影响？

3. 设定具体目标和行动计划

确定短期和中期的职业发展目标，确保它们与长期目标一致，如表 8-12 所示。列出实现这些目标的具体行动计划，包括学习新技能、参与项目、寻找导师等。

表 8-12　发展目标和行动计划

角度	使用 ChatGPT 进行相关内容询问的示例
短期目标	接下来的几个月内可以实现的具体职业发展目标有什么？ 这些短期目标与我的长期职业目标之间有何联系？
中期目标	接下来一到两年内可以实现的职业发展目标有什么？ 采取哪些行动来逐步实现这些中期目标？
行动计划	帮我制订具体的行动计划来实现这些职业发展目标。 这些行动计划考虑到我目前的资源和能力情况了吗？

4. 职业发展资源

确定可以利用的职业发展资源，如培训课程、行业协会、导师指导等，并说明如何利用这些资源来实现目标，如表 8-13 所示。

表 8-13　职业发展资源

角度	使用 ChatGPT 进行相关内容询问的示例
可利用的培训课程、行业协会、导师等资源	我可以利用哪些职业发展资源？ 这些资源如何支持我实现职业发展目标和愿景？
如何利用资源来实现目标	帮我计划如何充分利用这些职业发展资源来实现目标。 提供具体的策略或计划来最大化利用这些资源。

利用 ChatGPT 辅助我们明确职业发展的方向，展示专业能力和计划能力。通过综合考虑以上因素，我们能够为年终述职提供一个具有逻辑性和实质性的结尾，充分展示我们对个人职业发展的清晰规划和努力。

ChatGPT 作为一种人工智能工具，能够为年终述职提供智能化的支持，能够帮助我们展示成就和制定目标。通过与 ChatGPT 的交互，可以获得全面的回答和建议，提升述职报告的质量和效率。作为辅助工具，ChatGPT 能从大量数据中提取关键信息，提供全面的分析和评估，节省时间和精力。但在使用过程中，需结合个人情况和专业判断，综合考虑模型的结果，确保最终的述职报告的准确性和可信度。

述职是展示个人工作表现和能力的机会，我们需要积极主动地准备和展现自己的能力和思考。当然，年终考核是一个非常大的话题，仅仅几千字是很难说得非常具体的，希望大家通过本节的学习，结合自己的实际情况，获得更多的思路。通过积极的准备和精彩呈现，为个人职业发展打下坚实基础。

8.9　职场发展：简历优化及面试模拟

简历和面试相辅相成，共同构成了求职者展示自身能力和吸引雇主的机会。简历是首次的印象，提供了一份全面的概述，而面试则提供了深入了解求职者的机会。这两者的组合可以帮助求职者突出自己的独特之处、解释和展示工作经验和技能，并展示出与公司文化和职位要求的匹配度。

接下来我们一起探索如何利用 ChatGPT 来提升面试简历的质量和效果。目标是通过 ChatGPT 的应用，为候选人提供一种更专业和高效的方式来评估和改进他们在面试中的表现和能力水平。

8.9.1　快速打造完美简历

在职场竞争激烈的环境下，简历的重要性不言而喻。我们可以利用 ChatGPT 这一快速而高效的工具来打造高质量的简历。这种方式将大大提升求职效率，帮助我们以更好的姿态进入招聘流程，增加获得面试和职位的机会。

1. 简历评估与优化

如果我们手里已经有做好的简历，可以利用 ChatGPT 来进行简历分析，提供深入的见解和建议。没有可以直接用的简历也没关系，可以把教育背景、工作经验和技能等关键信息提供给 ChatGPT。让 ChatGPT 对我们的简历进行全面的评估，从内容到结构的各个方面进行分析。帮助我们识别简历中的潜在强项和改进点，并提供个性化的建议来优化简历，从而增加在求职过程中的竞争力。

通过指令，可以利用 ChatGPT 对我们的简历进行评估，并为不同的职位打分："你是我的简历助手，请根据我提供的简历对我进行综合评估，并创建一个包含 10 个适合我申请的职位的评估表格。这个表格根据我的简历以及相关标准，为每个职位评定一个面试机会的可能性得分并给出原因，分值范围从 0 到 10，分数越高代表我获得面试机会的可能性越大。最终的评估表格将按照面试机会的可能性得分从高到低排列，使我能够清晰地了解在不同职位中的竞争力和机会，并提供针对性的解释和建议。"ChatGPT 的建议如图 8-45 所示。

根据您提供的简历和相关标准，我对您进行了综合评估，并创建了一个包含10个适合您申请的职位的评估表格。以下是每个职位的面试机会可能性得分和评估原因的总结。

职位	面试机会得分	评估原因
市场经理	8	您在市场营销经理职位中展示出丰富的经验和技能，特别是策划和执行市场营销策略的能力，以及领导团队的能力。您的工作经历和成果显示出您在提升品牌知名度和销售额方面的成功。
市场分析师	9	您在市场调研分析师职位中的经验和技能非常匹配。您展示了对市场调研和竞争分析的熟练掌握，并且能够将数据转化为有价值的洞察和建议。您的详细报告和决策支持经验使您成为理想的候选人。
市场推广专员	7	您在市场推广方面的实习经验以及对市场营销策略和工具的熟练掌握使您具备了市场推广专员职位所需的基本技能。您的协助工作经历和参与项目管理的能力显示了您的团队合作和组织能力。
品牌经理	6	您在品牌推广和管理方面的工作经验显示出您对品牌建设的理解和能力。尽管您在品牌经理职位上的经验相对较少，但您在市场营销和团队管理方面的技能使您具备了潜在的发展潜力。
销售代表	7	您在市场营销经理职位中展示出的销售和客户关系管理技能使您在销售代表职位上具备竞争力。您的沟通能力、市场洞察力和目标导向的态度将有助于您在销售领域取得成功。
市场传媒专员	6	您在市场传媒方面的技能和实习经验显示了您在宣传资料撰写和市场活动协调方面的能力。您的熟练使用MS Office套件以及英语的流利口语和书写

图 8-45　建立评估（部分）

通过对我提供的简历进行分析，根据教育背景、工作经验、实习经历和技能，以及每个职位的要求进行综合评估。评估结果显示，我在市场营销经理、市场调研分析师和市场推广专员职位上具有较高的面试机会得分，这与我的相关经验和技能相匹配。同时，在品牌经理和销售代表职位上的得分相对较低，但仍显示出具备发展潜力。

总的来说，可以看到 ChatGPT 生成的评估表格是基于我提供的简历和相关标准进行综合评估的结果。仍需我们对评估结果进行进一步的思考和决策，它可以作为参考，可以帮助我们梳理差距。实际应聘时，根据具体情况进行调整和个性化的准备，才能提高竞争力和成功率。

2. 个性化应聘简历定制

个性化应聘简历定制是一项重要的任务，旨在根据招聘信息定制一份突出个人优势和技能的简历。为了实现这一目标，我们需要深入研究每个目标岗位的需求和关键要求，并将其与我们自己的简历进行对比，如图 8-46 所示。通过利用 ChatGPT 等先进工具，我们能够生成一份根据该职位定向的、专业而精准的简历。

> 你是我的简历助手，请根据我提供的简历对我进行综合评估，并创建一个包含10个适合我申请的职位的评估表格。这个表格根据我的简历以及相关标准，为每个职位评定一个面试机会的可能性得分并给出原因，分值范围从0到10，分数越高代表我获得面试机会的可能性越大。最终的评估表格将按照面试机会的可能性得分从高到低排列，使我能够清晰地了解在不同职位中的竞争力和机会，并提供针对性的解释和建议。
>
> 下面是我的简历:
> 姓: John Smith
> 联系方式:john.smith@email.coml+1123-456-7890
> 求职目标:
> 寻求挑战性的职位，能够发挥我的技能和经验，为公司的发展做出贡献.
> 教育背景
> 硕士学位,工商管理
> XYZ大学，城市，国家
> 年份: 2016-2018
> 本科学位，市场营销
> ABC大学，城市，国家
> 年份: 2012-2016

图 8-46　定制简历指令

让我们看看它的回答，如图 8-47 所示。

可以看到这份定制的简历针对市场经理职位要求进行了精确的定制，简历中提供的信息充分展示了申请者的专业素养和能力。这种定制的方法有助于使简历在众多竞争对手者中脱颖而出，提高申请者的竞争力，增加获得面试机会的可能性。

3. 简历润色与修改

在简历润色与修改阶段，我们可以利用 ChatGPT 等工具对语法、拼写和语句结构进行检查。修正简历中的错误和不流畅之处,优化格式、排版和视觉吸引力,确保简历整体协调一致。这样，我们的简历将在视觉上更出色，同时也更加专业。比如我们可以提问:

"可以帮我检查一下简历中的语法和拼写错误吗？"

根据您提供的简历，我将为您创建一个评估表格，包含10个适合您申请的职位，并为每个职位评定面试机会的可能性得分。以下是根据您的简历和相关标准进行的综合评估：

评估表格：

职位	可能性得分	原因
市场营销经理	8.5	您在市场营销领域拥有本科学位，并且在ABC大学获得了相关专业的学士学位，这将使您在申请市场营销经理职位时具备一定的竞争力。您的硕士学位和工商管理背景也能够为您在管理团队和制定市场策略方面提供优势。您的经验和技能有助于增加您获得面试机会的可能性。
项目经理	8.0	您在工商管理硕士学位期间可能获得了一些项目管理方面的知识和技能。此外，作为市场营销背景的持有者，您在推广和执行市场活动方面的经验也使您成为一个有竞争力的候选人。项目经理职位通常需要良好的组织能力和沟通技巧，这些是您通过教育和经验获得的技能。
销售代表	7.5	您在市场营销领域的学士学位为您申请销售代表职位提供了一定的背景知识。您在该领域的专业知识和技能将使您成为一个有竞争力的候选人。您的教育背景和可能的销售经验有助于提高您获得面试机会的机会。
品牌经理	7.0	您的市场营销背景以及对品牌推广和管理的兴趣使您成为品牌经理职位的合适候选人。您在大学期间学习的市场营销专业知识和技能为您在品牌发展和市场定位方面提供了一定的优势。您的硕士学位和工商管理背景也将有助于您在管理团队和制定品牌策略方面脱颖而出。
市场调研分析师	7.0	您在市场营销和工商管理领域的学术背景使您在市场调研和数据分析方面具备一定的能力。您的硕士学位和教

图 8-47　定制简历生成

"是否能够修正简历中的语句结构，使其更加流畅和易于理解？"

"我想让简历的格式和排版看起来更好一些，你能帮我优化一下吗？"

"可以对简历的视觉吸引力进行提升吗？比如调整字体、段落间距或者添加一些设计元素。"

"我希望简历的整体风格和配色能够更协调一致，能够给出一些建议吗？"

"是否可以对简历中的标题、子标题和段落进行重新组织，使其更加清晰和有条理？"

"我想让简历的重点部分更加突出，你有什么建议吗？"

"我希望简历中的每个段落都能够更有逻辑性和连贯性，你可以帮我调整一下吗？"

"是否可以添加一些合适的关键词和短语，以使简历更具吸引力并与目标职位更加匹配？"

"你能为我提供一些关于简历设计和优化的专业建议吗？"

……

这些问题将帮助 ChatGPT 理解我们的需求，并提供相应的建议和修改意见优化简历。在提问时要清晰明了，具体指明希望 ChatGPT 帮助我们进行哪些方面的改进。

利用 ChatGPT 进行简历修改时，要保持谨慎，并将其作为辅助工具，结合自己的判断和专业知识，最终打造出一份符合个人优势和目标职位要求的出色简历。

8.9.2　智能面试指导

ChatGPT 作为一种人工智能工具，在面试准备中扮演着重要的角色。它能够模拟面试情境，生成相关的面试问题，并对候选人的回答进行评估和提供建议。这为候选人提供了更好的面试准备和即时的反馈机会。

ChatGPT 可以根据已知的面试问题和行业趋势生成类似的问题，帮助候选人进行有针对性的准备。通过了解常见的面试问题和行业动态，ChatGPT 能够生成相关的问题，使候选人能够更好地理解面试官的期望并做好准备，例如图 8-48 所示的新媒体运营面试。

> **J**　你是我的面试助手，根据我提供的面试岗位信息，预测实际的职业面试过程中可能会被面试官提出的问题。
> [新媒体运营岗]职位要求：
> 拥有丰富的新媒体运营经验，熟悉各种社交媒体平台的运营和推广，熟悉数字营销和社交媒体趋势，具备敏锐的市场洞察力，能够制定创新的社交媒体营销策略，具备出色的文字表达能力和编辑技巧，能够撰写吸引人的内容和广告文案。熟悉SEO和SEM等数字营销工具，能够通过数据分析和关键字优化提升网站流量和转化率，能够监测和分析社交媒体活动效果，制订相应的改进计划并优化运营结果。
> 岗位职责：
> 制定和执行全面的社交媒体战略，包括内容策划、日常管理和推广活动，与团队紧密合作，协调并执行跨渠道的数字营销活动，提升品牌曝光和用户参与度。监测社交媒体平台的数据和趋势，制订数据驱动的优化计划，并持续改进社交媒体运营效果。协助制作和编辑各种在线内容，确保内容质量和一致性，提升用户体验和品牌价值。跟踪行业动态和竞争对手，进行市场研究和竞品分析，为公司提供有竞争力的新媒体营销策略。

图 8-48　新媒体运营面试问题

作为新媒体运营岗位的面试助手，我可以帮你列举一些可能会被面试官提出的问题。请记住，这些只是示例问题，实际的面试可能会根据面试官的风格和特定公司的需求而有所不同。以下是一些可能的问题：

1. 请介绍一下您的新媒体运营经验和在各种社交媒体平台上的工作经历。
2. 您如何应对不同社交媒体平台的特点和用户群体，以制定相应的营销策略？
3. 您能否分享一次成功的社交媒体推广活动经历，包括您如何制定策略、执行和评估效果？
4. 如何利用数字营销工具和数据分析来提高网站流量和转化率？
5. 您是如何监测和分析社交媒体活动效果的？请分享一次您进行数据分析并制定改进计划的经历。
6. 如何在新媒体平台上撰写吸引人的内容和广告文案？您有什么编辑技巧和文字表达能力？
7. 请介绍一下您对SEO（搜索引擎优化）和SEM（搜索引擎营销）的了解和应用经验。
8. 在您的工作中，如何与团队合作，特别是与其他部门（如市场营销、创意团队）协调和执行跨渠道的数字营销活动？

图 8-48　新媒体运营面试问题（续）

ChatGPT 可以对候选人的回答进行评估，并提供改进建议。它可以分析语言、逻辑和情感等多个方面，帮助候选人了解自己的表达方式并进行调整。通过这种评估和建议，候选人可以及时了解自己的优势和改进的方向，提高面试的表现水平。比如对 ChatGPT 进行提问："你是我的简历助手，请根据我提供的面试回答进行打分并给出反馈。使我可以了解自己在面试中的表现和能力水平，并有针对性地改进和提升自己的能力。给我提供有价值的指导。下面是我的面试问题和回答……"ChatGPT 的回答如图 8-49 所示。

ChatGPT 作为一种面试预测工具，能够在面试准备中提供个性化指导。它具备快速分析候选人回答并及时提供反馈的能力，以协助候选人改进其答案。通过与 ChatGPT 的互动，候选人能够获得更多关于面试问题以及最佳回答方式的了解。但是 ChatGPT 在面试辅助上也存在一些限制，比如无法提供完全真实的面试环境，并且由于它在理解复杂问题和语境方面会存在困难，它给出的回答可能会缺乏准确性和连贯性。

尽管 ChatGPT 可以提供一些指导和建议，但它不能替代真实的工作经验和实际能力的展示。在面试中，面试官往往更加关注候选人的实际经验和能力，以及他们在实际工作环境中的表现。候选人还需要通过实际的实习、项目经验或相关职业背景来证明自己的能力和适应性。

回答分析及反馈：

你的回答整体上表现出对市场研究和竞品分析的基本了解。以下是对你的回答的具体分析和反馈：

1. 确定研究目标：你提到了了解目标市场、目标受众和竞争对手的策略和行动，这是正确的起点。但你的回答可以更具体地说明为什么了解这些因素对制定有竞争力的新媒体营销策略很重要。
2. 收集市场数据：你提到利用市场调研工具和资源收集各种数据，这是一个正确的方法。然而，你可以提及一些具体的市场调研工具和数据来源，以显示你的了解和熟练度。
3. 分析目标受众：你强调通过了解目标受众的特征、兴趣和需求来洞察他们在社交媒体平台上的活动和互动方式，这是正确的。但更好的回答是提及如何进行用户调研、观察用户行为和分析用户反馈来深入了解目标受众。
4. 研究竞争对手：你提到了竞品分析中关注内容类型、发布频率、互动方式和广告投放等方面，这是一种正确的方法。然而，你可以进一步强调如何评估竞争对手的优势和劣势，并提及如何获取竞争对手数据和洞察。
5. 寻找差距和机会：你提到通过市场数据和竞争对手分析来识别差距和机会，这是正确的。然而，你可以提及一些具体的差距和机会，以便更具体地展示你的分析能力。
6. 制定策略和行动计划：你强调基于市场研究和竞品分析结果制定策略和行动计划，这是正确的。但更好的回答是提及如何确定目标受众、制定内容策略、选择适合的社交媒体平台以及规划推广活动和广告投放。
7. 监测和优化：你提到定期监测营销活动效果、数据分析和用户反馈来评估成效，并及时调整和优化策略，这是正确的。但你可以提及一些具体的数据指标和工具，以便更具体地说明你的监测和优化过程。

总体而言，你的回答涵盖了市场研究和竞品分析的关键步骤，但可以更加具体和详细。建议在回答中加入更多细节和实际经验，例如使用过的市场调研工具、成功的案例或困难的挑战，并强调你在这方面的专业知识和技能。

希望以上反馈对你有帮助，并能帮助你进一步提升自己在面试中的表现质量和能力水平。祝你好运！

图 8-49　面试回答评价建议

第9章

ChatGPT
创业实战

ChatGPT 的问世可称为人工智能时代的分水岭。技术革命往往为众多人带来新的机遇和可能。本章汇集了多个实战案例,旨在启发读者思考,开启自己的创业之旅。

9.1　月活十万的 ZelinAI

ZelinAI 是一个平台（见图 9-1），基于微软的 GPT 模型接口，实现了与 ChatGPT 相似的功能。然而，ZelinAI 与 ChatGPT 有所不同的地方在于其平台性质。不论用户是否具备技术背景，他们都可以在 ZelinAI 上创建自己的应用。

图 9-1　应用市场

ZelinAI 不仅服务于普通个人用户，也服务于企业用户。企业用户通过小模型训练，可以将业务知识教给大模型，让大模型能够学习企业业务，并且使用学到的业务知识服务用户。此外，ZelinAI 可以创建应用并分享给微信好友的企业应用，也可以作为智能机器人集成到钉钉、微信群等。

9.2　颠覆的时代：小白也能创建 AI 应用

在过去，想要创建一款应用需要我们具备一定的计算机技术（比如：后端开发、前端设计、数据库、服务器等），这对于一个没有或者缺乏相关技能的小白用户来说，自己做一个应用简直是天方夜谭！然而，ZelinAI 的出现让这个不可能成为了可能，下面我们就来看看如何从 0 开始使用 ZelinAI 构建自己的专属 AI 应用。

9.2.1　登录 ZelinAI 官网

登录 ZelinAI 官网。如果你还没有账号，需要先注册，点击右上角的"登录"按钮，可以进入到注册页面，输入手机号、验证码以及密码，点击"确认"按钮，即可完成注册。

注册完成后，即可进入控制台，在控制台里需要定制自己的模型，并设置参数，目的是为了符合你自己的场景和需求，如图 9-2 所示。

图 9-2　定制模型参数

同时，我们还可以基于自己定制的模型进行训练，如图 9-3 所示。

图 9-3　训练

9.2.2 创建模型

在控制台点击左侧的"模型"，再点击"创建模型"，进入模型参数定义的页面。说到参数，我们先来对比 ChatGPT 官方 API 参数和 ZelinAI 的参数。

由于 ZelinAI 本质上就是基于 ChatGPT 的 API 包装的一个 AI 应用，虽然它也有不少定制功能，但底层逻辑是一样的，这就意味着 ZelinAI 的参数和 ChatGPT 的 API 参数是一样的，如图 9-4 所示。

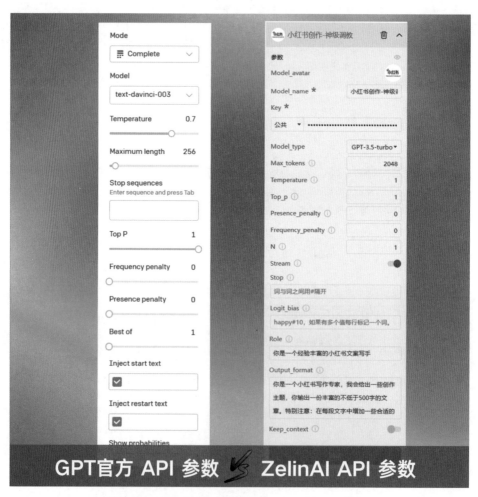

图 9-4　GPT 官方 API 参数 vs ZelinAI API 参数

我们知道大模型的参数量是巨大的，面对这么多参数，相信很多小白用户看到后会一脸茫然，其实你不用完全搞懂它们，只需要设置好自己的自定义参数即可，大家可以根据自己的实际需求进行设置：

- Model_avatar：模型头像，可以使用你的应用 Logo，但实际上这个头像和你后面要打包的应用 Logo 是可以不一样的。

- Model_name：模型名称，我这里写的是"小红书创作 – 神级调教"。

- Key：这个 Key 是从 ChatGPT 那边获取的，可以使用你自己的 Key，也可以选择"公共"，如果选择公共，则使用 ZelinAI 给大家提供的 Key。

- Model_type：模型类型，即使用哪个大数据模型，目前仅支持 GPT-3.5-turbo（默认）和 GPT-4，其中 GPT-4 的成本会更高。

- Max_tokens：生成文本的最大长度，可以根据你自己的应用来配置，比如你的应用是用来写文案的，那么可以适当把该参数调高，默认是 2048。

- Role：定义该模型的角色（提示词），就是我们要写的提示词，例如我这里写的是：

> 你是一个小红书写作专家，我会给出一些创作主题，你输出一份丰富的不低于 500 字的文章。特别注意：在每段文字中增加一些合适的 emoji 表情，并使用轻松、幽默的语气，使文章读起来生动、活泼。如果你理解了，就按照此要求进行创作。

- Output_format：模型输出格式，这里你可以给它提供一段示例内容，目的是让该模型参考你的示例内容来输出，下面是我提供的参数内容：

> 我提供一个示例让你更好地理解文章的写作风格，以下是示例文章：
>
> 标题：
>
> 夏日时尚必备！绿色碎花飞飞袖连衣裙，怎么穿出设计感！
>
> 内容：
>
> - 夏天到了，小仙女们一定已经开始购置自己的夏天装备了吧！这款绿色碎花飞飞袖连衣裙绝对是你夏季时尚必备的款式！
>
> - 首先，颜色特别适合夏天的氛围，清新自然。而且这种颜色和花纹的碰撞很有设计感，穿上它，立刻让你成为全场最靓的小仙女！
>
> - 高贵大方的法式方领设计，非常合适职场优雅白领的形象。搭配精致的高跟鞋，妥妥地成为公司的女神！

- 碎花花纹让整件连衣裙显得非常小众，独有的气质绝不会让你与他人雷同，反而让你独树一帜。而且碎花的选择相对比较灵活，不管是上班、约会，还是出门逛街，都能穿出不一样的搭配效果。

- 收腰设计使得整件连衣裙显得更加修身，高跟鞋和小包搭配，不管是淑女还是优雅白领，都能表现出你的性感与优雅。

- 另外，绿色碎花飞飞袖连衣裙还有一个很重要的特点——非常显瘦！它紧贴腰部的设计、飞飞袖的飘逸与宽松下摆相比，显得更修饰身材，穿着非常显瘦。

  总之，绿色碎花飞飞袖连衣裙是夏季时尚装备的必备单品之一！戴上太阳镜，在阳光下愉快地享受夏季时光吧！记得给这篇文章点个赞哦！

- Keep_context：关联上下文，如果是对话式的内容，需要 AI 更理解语境，则可将其设置为 True，如果是问答式内容，则可设置为 False。

其余默认即可，当然，大家最好是根据自己的应用场景来做调整。

9.2.3 ChatGPT API 参数

在 9.2.2 节我们了解到 ZelinAI 和 ChatGPT 的 API 参数是一样的，所以在此我把 ChatGPT 的 API 参数做一个汇总，方便大家后续使用时方便查阅，参数如表 9-1 所示。

表 9-1 ChatGPT API 参数

参数名称	作用	默认值	设置范围
Max_tokens	用于控制生成文本的最大长度（以令牌数为单位）	2048	1 ~ 4096 之间的整数。在 ZelinAI 中，最大可设置为 3072
Temperature	用于控制生成文本的多样性	1	0 ~ 2 之间的浮点数
Top_p	用于控制生成文本的多样性和保真度	1	0 ~ 1 之间的浮点数
Presence_penalty	用于控制文本同一词汇重复情况	0	-2.0 ~ 2.0 之间的浮点数
Frequency_penalty	用于控制文本罕见词汇出现情况	0	-2.0 ~ 2.0 之间的浮点数
N	用于控制生成文本的连贯性和自然程度	1	1 ~ 5 之间的整数
Stream	用于控制生成文本输出的方式	FALSE	True 或 False

续表

参数名称	作用	默认值	设置范围
Stop	用于控制生成文本停止的条件	None	一个字符串或字符串列表。词与词之间用 # 隔开
Logit_bias	接受一个 json 对象，该对象将标记（由标记器中的标记 ID 指定）映射到从 –100 到 100 的关联偏差值	None	happy#10，如果有多个值每行标记一个词
Role	定义该模型的角色	无	举例：你是一位经验丰富的小红书写手，请生成一篇主题为"优衣库夏装穿搭"的笔记，要求小红书风格，女生口吻，称用户为姐妹，内容风趣幽默，每段适当添加 emoji
Output_format	定义输出内容的格式或要求	无	举例：一些固定格式文案，表格模板等
Keep_context	关联上下文，如果是对话式的内容，需要 AI 更理解语境，则可将其设置为 True，如果是问答式内容，则可设置为 False	FALSE	True 或 False

　　要想获取更详细的 ChatGPT API 各参数的作用、默认值以及范围，可以查阅 ChatGPT 官方文档。模型参数设置好之后，就可以让 ZelinAI 干活了，比如，让其给我们写一篇以"夏季女装"为主题的小红书笔记。

9.2.4　模型 1：小红书创作—神级调教

　　配制好模型的参数之后，就可以直接在此模型右侧输入需求了，此模型作用是为我们输出小红书笔记文案，如图 9-5 所示。

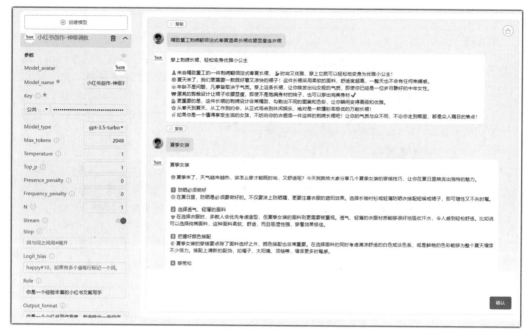

图 9-5　ZelinAI 小红书创作—神级调教模型

以下是该模型的输出结果，基本上可以直接拿来使用了。

夏季女装

夏季来了，天气越来越热，该怎么穿才能既时尚又舒适呢？今天我就给大家分享几个夏季女装的穿搭技巧，让我们在夏日里焕发出独特的魅力。

1. 防晒必须做好

在夏日里，防晒是必须要做好的。不仅要涂上防晒霜，更要注意衣服的遮阳效果。选择长袖衬衫或轻薄防晒衣搭配短裤或裙子，既可随性又不失时髦。

2. 选择透气、轻薄的面料

在选择衣服时，多数人会优先考虑造型，但夏季女装的面料则更需要被重视。透气、轻薄的衣服材质能够很好地吸汗，令人感到轻松舒适。比如可以选择纯棉面料，这种面料柔软、舒适，而且吸湿性强，穿着效果极佳。

3. 把握好颜色搭配

夏季女装的穿搭要点除了面料选好之外，颜色搭配也非常重要。在选择面料的同时考虑清凉舒适的白色或淡色系，或是鲜艳的色彩，能够为整个夏天增添不少活力。搭配上清新的配饰，如帽子、太阳镜、项链等，增添更多时髦感。

4. 够宽松

夏季女装的舒适度还需要从版型上考虑。选择够宽松的衣服能够使我们更轻松自在地度过炎热的夏天。而且可以把我们的身体瑕疵隐藏掉，让我们更加自信。

总之，夏季女装的穿搭要点就是透气、轻薄、清爽舒适。选对了面料和版型，再加上妆容、发型和配饰的搭配，让我们美艳如夏，自信迎接每一天。

9.2.5　模型 2：Midjourney 绘图提示词

为了让大家更加了解模型的作用，下面我们又自定义了一个新的模型，该模型的作用是生成我们想要的 Midjourney 提示词，因为 Midjourney 只能使用英文提示词，所以此模型的关键在于如何设定角色，来实现当我们给它提供中文主题关键词后，它可以自动帮我们转换为英文提示词，并且提供 4 条。参数配置好之后，只要我们输入主题，就可以为我们输出 4 条 Midjourney 绘图描述词，如图 9-6 所示。

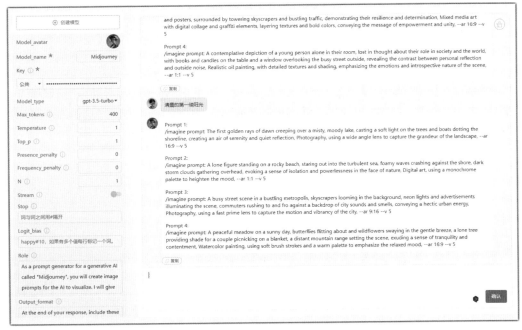

图 9-6　ZelinAI Midjourney 绘图提示词模型

下面是该模型相关的关键参数：

Model_name: Midjourney

Max_tokens: 400

Role:

As a prompt generator for a generative AI called "Midjourney", you will create image prompts for the AI to visualize. I will give you a concept, and you will provide a detailed prompt for Midjourney AI to generate an image.

Output_format:

Example Prompts:

Prompt 1:

/imagine prompt: A stunning Halo Reach landscape with a Spartan on a hilltop, lush green forests surround them, clear sky, distant city view, focusing on the Spartan's majestic pose, intricate armor, and weapons, Artwork, oil painting on canvas, --ar 16:9 --v 5

这些参数设置好后，点击下方的"确认"按钮，就可以在右侧输入你想要成图的主题了，比如这里输入"清晨的第一缕阳光"。稍等片刻，它会根据我要求的格式输出对应的英文提示词，拿到该英文提示词后，再将它复制到 Midjourney（如图 9-7 所示）即可出图（如图 9-8 所示），用起来效果还不错！

图 9-7　Midjourney 界面

图 9-8　Midjourney 绘制的 AI 图

9.2.6　将模型打包为 AI 应用

好的 AI 提示词可以降本增效。如果在 ChatGPT 中调教了一个非常牛的模型，但并不能把它分享出来让更多人去用，这就很郁闷了。其实，ZelinAI 就能解决此问题。把我们前面设置的模型打包成一个 AI 应用，然后再分享出去即可。接下来我们将刚才创建的模型打包为 AI 应用。

1. 创建应用

在 ZelinAI 中选择左边的"应用"，点击"创建应用"，如图 9-9 所示。

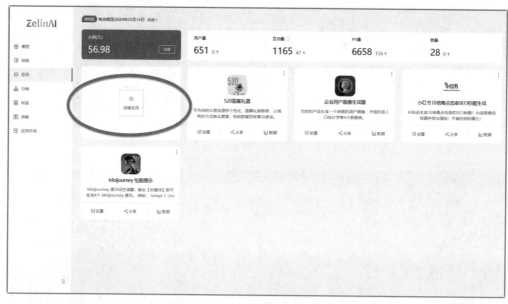

图 9-9　创建应用

2. 填写应用信息

应用名称：Midjourney 绘图提示。

应用英文名称：Morning Image Prompts。

应用图标：上传 logo。

应用介绍 & 应用英文介绍：

Midjourney 提示词生成器，输入"关键词"即可生成 4 个 Midjourney 提示。

例如：

prompt 1:

/imagine prompt: Clear morning light shines through a forest canopy, --ar 3:2 --v 5

风格：对话风格、问答风格。

选择模型：这里选择刚刚创建的模型 2，如图 9-10 所示即 Midjourney。

图 9-10　选择模型

引导语：介绍自己的应用，以及如何使用。

请输出我们要 AI 绘图的"关键词"，即可生成 4 个 Midjourney 提示。

输入：清晨的第一缕阳光

输出：Prompt 1, 2, 3, 4:

/imagine prompt: Clear morning light shines through a forest canopy, lighting up a small clearing where a deer grazes on leaves, using a 70-200mm lens, f/4 aperture, --ar 3:2 --v 5

是否付费：可以将应用免费分享，也可按时间和次数进行收费。

应用属性：私有自用，或者公开。

是否加入应用市场：推荐加入。

选择分类：分类如图 9-11 所示。

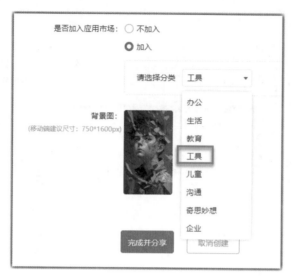

图 9-11　选择分类

设置背景图：参数设置如图 9-12 和图 9-13 所示。

图 9-12　应用创建参数 1

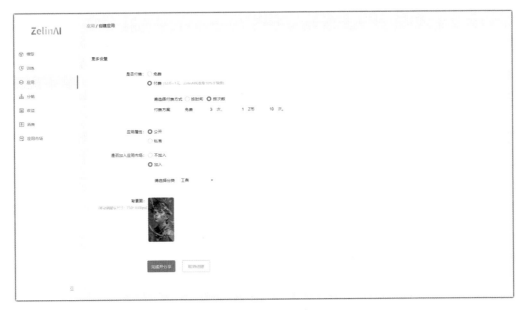

图 9-13　应用创建参数 2

　　设置完毕之后，点击"完成并分享"按钮，应用则创建完成。通过以上操作，我们就真正实现了零代码构建自己的 AI 应用。怎么样，是不是非常简单！

9.3　ChatGPT+ 数字人创业实战

　　商业的本质在于交易，而交易的本质在于让他人受益。随着商业发展，所有行业都在朝着提高交易效率、降低成本、增加他人收益的方向发展。当下有一种观点很流行，即"所有行业都应在抖音、视频号、小红书等平台上重新展示"，这是因为这些流量平台在信息流、物流、现金流的基础上进行了高效重组，优化了交易结构，相比传统实体店的传播更具效率。

　　每一次新政策、新技术或新渠道的出现，都有可能冲击现有的交易结构。近期，AI 技术的快速发展为我们提供了许多机会，我们可以利用现有的 AI 工具提高自身和客户的效率，降低成本。在新工具充足的情况下，我们无须创造新的"轮子"，只需使用现有的"轮子"服务他人，就能创造价值。事实上，已有一些成功案例证明了利用 AI 工具（如 ChatGPT 和数字人）进行商业变现的可能性。而本节主要分享如何利用 ChatGPT 和数字人进行商业变现。

9.3.1 ChatGPT+ 数字人实操

学一门技术最好的方法就是实操，只看不练那就是纸上谈兵，没有什么意义。所以，在这一节将会带着大家一起来实操数字人。

实操前的准备

在开始实操前，如果你还没有任何短视频制作或直播经验，那么强烈建议你首先了解短视频制作运营和直播运营的基本知识，因为这直接决定了你是否能成功跟上实操。请注意，后续所有的实操步骤都是基于传统的短视频制作流程和电商直播流程的，并不是凭空创造的一个新流程，而是对现有流程的改进和优化。

在实操前，还需要你准备一台电脑，电脑的硬件配置建议如表 9-2 所示，如果现有电脑配置较低，那么就会影响到数字人运行的效果。

表 9-2　硬件准备

硬件或系统	配置
CPU	最低 Core i5-11600k，推荐 Core i7-11700
内存	最低 16GB，推荐 32GB
显卡	推荐 RTX 3060 或以上独立显卡
网络	不低于 50M/bps 带宽
操作系统	Windows 11

注意，此配置是只运行直播客户端的建议配置。如需用直播伴侣叠加素材，应根据实际情况增加配置。

另外，除了硬件电脑，还需要软件方面的准备，具体要求如表 9-3 所示。

表 9-3　软件准备

软件	说明
短视频平台	抖音、快手、视频号等，用来发表短视频
AI 工具	ChatGPT 或者 ZelinAI，用来做策划、梳理框架和写文案
视频剪辑软件	剪映或者度咔
直播工具	抖音直播伴侣或者视频号直播工具
AI 绘图软件	Midjourney 或者 Stable Diffusion，用来制作直播间背景图

9.3.2 短视频实操

准备工作做好了，终于到实操部分啦，当然，在实操前，有些内容你还是要了解的，比如变现逻辑。

变现逻辑

首先说一下变现逻辑，我们要把这个问题搞清楚。

1）靠卖短视频赚钱

一段约 1 分钟的单人口播视频，传统方式下，口播需要真人录制，市场价格约为 300 元 / 条，包括人物出镜、文案策划、拍摄和剪辑。当然，最终制作的视频到底能卖多少钱，还需要根据制作时间和复杂程度进行定价。

2）短视频如何做

现在，我们可以利用 AI 工具，如 ChatGPT，来帮助我们进行文案书写。首先让 ChatGPT 写初稿，然后将初稿提交给客户进行审核和微调（这里假定我们已经有客户以及需求了）。客户确认稿件后，我们将文案导入数字人平台。根据文案的传播目的和风格，让 ChatGPT 推荐适合的数字人，包括性别、声音类别、形象、视频背景、特效、音乐和音效。为了优化视频的结构和节奏，我们可以参考同类热门视频的数据图。

3）如何找客户

需要制作一个合作流程图，包括价格明细、交付周期、调整次数和交付标准。然后在各个平台进行推广。考虑到很多平台不允许直接发布广告，我们可以搜索相关的关键词，如"如何制作数字人短视频？"找到与平台相关的话题，然后让 ChatGPT 书写平台文案。写好后，再使用剪映、度咔等工具快速制作视频。如果对视频的素材不满意，还可以更换素材。如果你不愿意直接面对镜头，那可以使用 AI 特效制作单人口播视频进行引流。

再总结一下，以上的变现思路为给客户制作短视频赚服务费，而制作短视频需要借助 ChatGPT 以及数字人等工具。除了这种变现思路外，我们还可以将自己的整套流程归纳总结为课程包、教程、资料包等形式，然后参考同行定一个合适的价格，放在淘宝、抖音、视频号、小红书等平台售卖。总之，玩法多种多样，本质上都是提升自己的单位时间价值或将自己的时间以被动的形式售卖出去多份。

执行框架

好了，搞清楚了变现逻辑，按理说后面就该具体实操啦，不过为了不让大家在实操过程中跑偏，我还特意做了一份执行框架给大家作为参考，如图 9-14 所示。

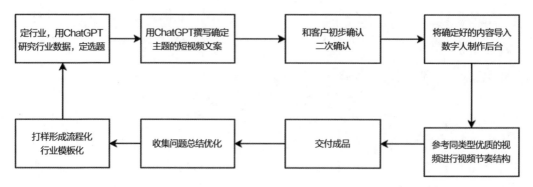

图 9-14 执行框架

在此框架中，首先需要收集并研究相关的行业数据，以确定主题。接着，使用 ChatGPT 来根据这个主题进行文案的初步梳理，完成初步梳理后，将文案提交给商家进行确认。根据客户的反馈，让 ChatGPT 对文案进行相应的调整，之后再对文案进行二次确认，确保其符合需求。

确定的文案将被导入数字人平台，我们基于这些内容制作视频。在制作过程中，我们还会参考标杆视频的结构和节奏进行调整，以确保质量。最终视频制作完成后，交付客户。

为了让流程更加完美，当该项目完成后，我们会整理整个视频制作流程，并收集可能出现的问题，以便进行优化。最后，我们将制作的短视频模块化。这样，在下次制作时，只需对部分视频画面进行调整，如更换背景、音乐，导入新的文案，就能快速完成视频制作，从而实现从视频制作赚差价到卖行业视频模板的转变。

健身教练短视频实操

首先确定主题为"健身教练"，然后围绕该主题逐步展开后续操作。

1）收集行业信息

去各大搜索引擎和社交媒体及各大短视频平台进行（健身）关键词搜索，了解用户的健身需求和痛点，收集行业趋势和用户评价。这里，给大家找了两个平台：抖音热点宝、巨量算法。

2）定策略找对标

从收集的数据中，我们发现用户对热门的健身运动和营养饮食指南有高度需求。针对此点，我们计划制作一系列的数字人短视频，包括动作演示、饮食指南和专业解答。动作演示暂时不能用数字人制作，但是可以用数字人单人口播结合穿插网络视频素材（这种形式需要具备一定专业剪辑知识）。饮食指南和专业解答就可以用纯数字人单人口播进行制作。

前期实操就先从难度较低的方式进行，快速入门。为了更符合用户喜好，我们需要找几个对标账号，寻找在健身领域专门讲饮食指南和专业解答方面用真人单人口播表现出色的短视频，学习他们的内容策划、视觉效果和互动方式。

3）写文案做视频

写文案当然是要交给 ChatGPT，让它进行文案梳理，用 ChatGPT 撰写每个视频的文案，明确视频的主题和内容，为了让它更好地给出优质文案，我们可以从网上找一些对标的文案训练它，如图 9-15 和图 9-16 所示。

你是学霸，你需要学习我给你的有关健身方面的文案内容。学习完成以后，根据该文案结构，将"健康零食推荐：在健身期间选择什么样的零食？"此选题，进行模仿并且输出对应选题的短视频单人口播脚本。内容主要针对的用户画像分别是：18~23岁的男性、新一线城市居多。内容需要符合抖音类型短视频风格，短视频大概时常1分15秒左右。每隔15秒需要有一个吸引用户的转折点，内容整体节奏需要符合高完播率。括号里的内容是需要学习和模仿的内容。（大家好！今天给大家分享一下新手健身的营养摄入。三大营养元素是脂肪、蛋白质和碳水化合物。在减脂期间，脂肪摄入量约为体重的0.3到0.5倍，选择优质脂肪如坚果、花生酱、鱼油和橄榄油。对于蛋白质，训练日摄入量约为体重的两倍，非训练日为1.5倍左右。碳水化合物也很重要，不用担心会发胖，只需控制摄入量。训练日可适当增加分配，非训练日稍少一些。餐前后的分配比例可根据训练与否进行调整。如果不清楚食物的碳水含量，可以下载薄荷健康APP作为参考，但要自己掌握大致摄入量，并使用食物秤称量。减脂需要坚持，才能逐渐减掉脂肪和体重。祝大家在健身过程中塑造理想身材，加油！）

图 9-15　训练 ChatGPT

[开场，背景音乐欢快节奏]
主持人：大家好！今天来跟大家聊聊在健身期间选择什么样的健康零食呢？🍎🥜🏃
[转折点1，快节奏音效，文字特效]
主持人：你知道吗？健身不仅仅是锻炼，还需要科学的饮食搭配哦！接下来，我们来揭秘一下吧！
[画面切换，主持人拿着一份健康零食]
主持人：首先，让我们来看看这些丰富多样的健康零食！口感松脆、美味可口！
[转折点2，快速画面切换，激动音效]
主持人：而且，这些零食还能满足你的口腹之欲，又不会影响减脂效果！听起来不错吧？
[画面切换，主持人拿出一袋坚果]
主持人：首先，我们来看看这些坚果，比如杏仁、核桃、腰果！它们富含优质脂肪，有助于增加饱腹感，同时提供能量！
[转折点3，轻松音效，文字特效]
主持人：嘘！还有一个小秘密，适量的花生酱也是不错的选择哦！可以搭配水果或者蔬菜来食用，既美味又健康！
[画面切换，主持人拿出一瓶鱼油]
主持人：另外，鱼油也是一个不可忽视的好帮手！它富含Omega-3脂肪酸，有助于维护心血管健康，还能提供身体所需的脂肪！
[转折点4，悬念音效，文字特效]
主持人：等等！你以为我们忘了橄榄油吗？错了！橄榄油是个超级食物！可以用来调味、烹饪，还有抗氧化的功效呢！
[画面切换，主持人手持小食盒]
主持人：所以，无论是户外运动还是室内健身，记得随身携带这些健康零食，给自己补充能量！
[转折点5，欢快音效，文字特效]
主持人：快来点赞并分享这个视频，让更多的小伙伴们也知道如何选择健康零食！一起追求健康生活，塑造理想身材！加油！💪
[结束，背景音乐渐弱]

图 9-16　ChatGPT 给出脚本

文案整理好之后，该数字人上场了。将梳理好的文案输入到数字人平台，选择合适的数字人和场景制作视频。本例用的是讯飞平台的数字人，具体步骤如图 9-17 所示。

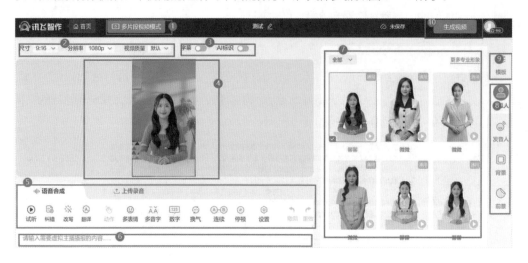

图 9-17　数字人制作过程

其中序号⑥区域就是导入文案的地方，序号⑤区域用来调整文案与数字人之间的协调关系。一切都设置好之后，就可以制作出我们想要的短视频啦。

4）作品发布

拿到短视频，首先要选择合适的发布平台。我们肯定要选择健身用户活跃的社交媒体和视频平台进行发布，如朋友圈、抖音、微信视频号、小红书、微博和一些垂直的健身平台等。发布视频时一定要确保使用正确的标签和描述。视频发布完并没有结束，还得花一些精力来运营已经发布的视频。比如，如果视频有用户评论了，要及时互动让视频保持活跃，这样才能保证流量足够大。

5）深度运营

对于发布出去的视频，我们需要知道外界的反馈，到底是好还是坏，做到心里有数。第一件要做的事情就是收集数据，关注各个平台的观看次数、点赞数、分享数和评论等数据。拿到数据后，需要对数据做进一步分析，了解哪些视频受欢迎，哪些内容需要改进。根据用户反馈和数据分析，对内容策划和视频制作进行优化。

6）打样并变现

如果运气好，我们发布的视频不出一周就会有很好的反馈结果，需要挑选出数据最好的数字人视频。然后拿这个视频找健身教练或者健身相关商家合作。在这里，我总结了如下三条变现的方法：

- 帮助健身教练、健身行业的企业进行短视频口播内容制作。

- 帮助健身教练或者健身行业的企业定制数字人单人口播的内部培训课件。

- 制定行业模板数字人短视频，凡是后面合作的健身行业的客户，只需更换品牌元素及文案，直接就可以售卖成品数字人口播视频。

其中的最后一条，更换品牌元素与文案的过程如图 9-18 所示。

图 9-18 更换元素与文案

整个流程执行起来并没有什么大的困难，关键还在于找对行业，并对该行业的用户进行深度分析，一定要在用户的需求与痛点上多下功夫。至于短视频的制作只是一个熟能生巧的过程，本身并没有太高的门槛。

9.4 ChatGPT 批量生产短视频

一个优质的短视频会给我们带来巨大价值，不仅能给我们吸引大量粉丝的关注，而且还能产生商业价值。但是很多人都苦于生产不出好的内容，或者苦于在时间和精力有限的情况下不能快速批量生产。然而，自从 ChatGPT 问世以来，这个问题迎刃而解。因为借助 ChatGPT，我们可以在短时间内快速生产大量内容，而且质量非常高。

无论你是否借助 ChatGPT，要想制作一条短视频，首先肯定要有对应的主题方向，只有确定了方向，才能继续下面的步骤。当然，做短视频也是有不少讲究的，比如，是要单人口播还是要多人剧情，不同形式的短视频的文案会有所不同。

9.4.1　找选题

制作短视频的第一步是确定视频的主题，很多人觉得选主题太难了，根本就没有头绪。其实有了 ChatGPT，你不需要再苦思冥想，只需要给 ChatGPT 明确的提示词，它就可以给你提供短视频的选题。例如我们想让 ChatGPT 帮找到 20 个"ChaGPT 相关"的话题，很快你就可以得到答案，如图 9-19 所示。

 帮我找20个抖音平台"ChatGPT功能、ChatGPT引流、ChatGPT变化等"类目的热门话题

当下，抖音平台上的热门话题涉及许多不同的领域和主题。以下是一些与"ChatGPT功能、ChatGPT引流、ChatGPT变化"类目相关的20个热门话题：

1. 抖音平台上的ChatGPT介绍和使用技巧
2. ChatGPT在抖音上的流行和趋势
3. ChatGPT如何帮助创作者吸引更多关注者
4. 最佳的ChatGPT引流策略和方法
5. ChatGPT如何改变抖音的内容创作方式
6. ChatGPT在直播中的应用和效果
7. 利用ChatGPT进行互动式抖音挑战
8. ChatGPT在抖音短视频中的创意应用
9. 抖音创作者如何利用ChatGPT增加互动性
10. ChatGPT与用户之间的互动体验
11. ChatGPT如何提升抖音平台的用户参与度
12. ChatGPT在抖音直播中的新玩法和趋势
13. ChatGPT如何帮助抖音用户提高内容质量
14. 抖音平台上的ChatGPT变化与更新
15. ChatGPT在抖音上的品牌合作与营销案例
16. ChatGPT如何帮助抖音用户增加粉丝互动
17. ChatGPT与虚拟主播在抖音的合作与创新
18. ChatGPT对抖音用户行为和创作习惯的影响
19. 抖音平台上的ChatGPT使用心得和经验分享
20. ChatGPT如何提供个性化的抖音推荐内容

图 9-19　生成的 20 个话题

图 9-19 中给出的这些选题还是不错的，每一个主题都能直接拿来就用，而且这些选题都

可能给我们带来大量关注。

9.4.2　使用 ChatGPT 写视频脚本

接下来，我们从这 20 个选题中选一个，然后继续让 ChatGPT 生成脚本。这次我的提示词是这样的：写一个短视频脚本，内容是关于如何利用 ChatGPT 功能提高视频曝光量。ChatGPT 会马上生成视频脚本，如图 9-20 所示。

> **Y**　写一个短视频脚本，内容是关于如何利用ChatGPT功能提高短视频曝光量

> 🌸　片头画面：一位自信而富有表现力的主人公，手握笔记本，坐在桌前。
>
> 主人公：大家好！我是今天的主人公，我要和大家分享如何利用ChatGPT功能来提高短视频曝光量。
>
> 画面：主人公手握笔记本，显示ChatGPT功能的页面。
>
> 主人公(解说)：首先，让我们来了解一下ChatGPT。它是一种强大的语言模型，可以模拟人类对话，生成连贯、有趣的对话内容。
>
> 画面：主人公展示ChatGPT生成的对话内容。
>
> 主人公(解说)：ChatGPT可以帮助我们在短视频中增加吸引力和互动性，从而提高视频的曝光量。下面是几个使用ChatGPT的技巧。
>
> 1. 生成有趣的片头对白：使用ChatGPT来生成引人入胜的开场白或对白，让观众在最初几秒钟就被吸引住。这将帮助提高视频的点击率和观看时长。
>
> 画面：主人公使用ChatGPT生成有趣的片头对白，并展示给观众。
>
> 主人公(解说)：2.与观众互动：在视频中加入与观众的互动环节，使用ChatGPT生成观众的问题或回应，并给予有趣的回答。这样可以增加观众的参与感，提高视频的互动性和分享度。
>
> 画面：主人公展示与观众的互动片段，其中包含ChatGPT生成的对话内容。
>
> 主人公(解说)：3.优化视频标题和描述：使用ChatGPT生成富有吸引力的视频标题和描述，能够吸引更多的观众点击观看。确保标题和描述与视频内容相符，同时突出视频的独特卖点。

图 9-20　短视频脚本

这个脚本看起来不错吧，其实我第一次看到 ChatGPT 给出的脚本内容时，着实惊艳到了。你看这脚本考虑得多周到，ChatGPT 竟然连画面这些细节都给出来了。

9.4.3　一键生成短视频

脚本有了，接下来就是制作短视频了。这里我用到的软件是手机版"剪映"，当然你也可以在电脑上用电脑版的剪映，选择剪映的"图文成片"功能，如图 9-21 所示。

然后将 ChatGPT 生成的文案粘贴到文本框里，再点击"生成视频"按钮，如图 9-22 所示。

图 9-21　图文成片

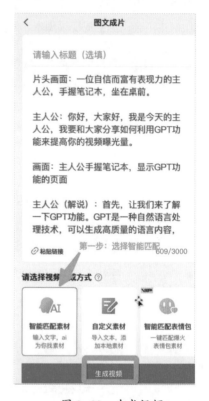

图 9-22　生成视频

稍等片刻，视频就可以自动生成啦，视频生成好以后，还需要调整视频文本中的内容及画面，如图 9-23 所示。另外，在视频编辑页面，还可以修改配图、视频、配音、字幕等，如图 9-24 所示。

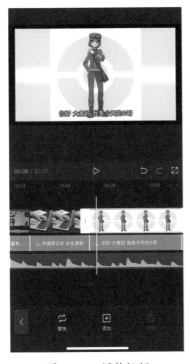

图 9-23　调整视频

图 9-24　视频编辑

最后，点击右上角的"导出"按钮。等待两三分钟即可得到一条图文并茂、生动有趣的短视频。

9.4.4　实操案例

现在我们了解了如何使用 ChaGPT 找选题和生成脚本，也学习了使用剪映生成视频，那么现在就来做一个具体的实操。

1. 找选题

这次，我想做一个有关"儿童英语早教课"的短视频。所以，一开始只需给 ChatGPT 明确的提示词，然后让它帮我拟订选题，提示词是这样的：帮我找 20 个抖音平台"儿童口语、销售儿童早教课等"类目的热门话题，如图 9-25 所示。

2. 使用 ChatGPT 写视频脚本

我们从 20 个选题中选择一个最合适的，然后借助 ChatGPT 生成脚本，我的提示词是这样的：写一个"儿童口语课推荐"视频拍摄脚本，有镜头、对白，用活泼、专业的口吻，如图 9-26 所示。

j 帮我找20个抖音平台"儿童口语、销售儿童早课等"类目的热门话题

当然，这是一些在2021年9月之前抖音上热门的儿童口语和销售儿童早课等类目的热门话题。请注意，由于我的知识截至日期为2021年9月，所以我无法提供最新的热门话题。请确保在使用这些话题时考虑到时间的变化。

1. 学习英语口语的小技巧
2. 通过游戏提高儿童口语能力
3. 如何帮助孩子提高口语表达能力
4. 儿童英语角的经验分享
5. 面试时如何展示良好的口语能力
6. 有趣的英语绕口令和口语挑战
7. 资讯类儿童早课推荐
8. 如何设计有趣且寓教于乐的儿童早课
9. 通过故事提高儿童口语表达能力
10. 如何引导孩子在早课中展示积极的销售技巧
11. 儿童早课中的销售心理学原理
12. 儿童早课推广的有效策略
13. 优秀儿童早课教师的特质和技巧
14. 儿童早课的创意游戏和互动活动
15. 如何在儿童早课中培养孩子的自信心
16. 儿童早课中的奖励和激励方法
17. 热门儿童早课推荐和评测
18. 如何在儿童早课中引导孩子培养良好的学习习惯
19. 儿童早课中的阅读推荐和推广
20. 儿童早课的音乐和舞蹈节目

图 9-25　生成的 20 个儿童英语早教课话题

j 写一个"儿童口语课推荐"视频拍摄脚本，有镜头、对白，用活泼、专业的口吻

片头：

[镜头1: 明亮的教室，彩色装饰，一个笑脸气球飘浮在角落。背景音乐欢快，儿童笑声]

旁白: 大家好！欢迎来到《儿童口语课推荐》！在这期节目中，我们将向您介绍一堂活泼而专业的儿童口语课。让我们快速进入正题吧！

镜头2: 热情洋溢的教师穿着明亮的服装，站在教室前面。

教师（笑脸朝向镜头）：大家好！我是你们的口语老师，小芳！今天我将带领大家体验一堂充满趣味和学习的口语课程。

镜头3: 教师手持卡片，卡片上写着"自我介绍"。

教师: 首先，我们来学习如何进行自我介绍。孩子们，你们知道自我介绍的重要性吗？

镜头4: 小朋友们热情举手。

小朋友1: 自我介绍可以让别人了解我们。

小朋友2: 它可以帮助我们交朋友！

教师: 太棒了！自我介绍的确是非常重要的。让我们一起来学习如何进行自我介绍吧！

镜头5: 教师示范自我介绍。

教师: 大家好！我叫小芳。我喜欢画画和唱歌。我非常开心来到这里和大家一起学习！

图 9-26　儿童口语课推荐视频脚本

3. 用剪映做视频

拿到脚本后，把脚本复制到剪映，使用剪映的"图文成片"一键生成短视频。然后根据前面所介绍的方法来调整和编辑短视频，最终生成我们想要的。

4. 提高爆款视频质量

我们再分享几点提升视频质量的方法。

首先，剪映毕竟只是一个视频剪辑工具，它在智能方面表现一般，利用它生成的视频也许没有大家想象的那么好，所以也可以考虑使用其他替代工具，比如可以使用第 9.3 节提到的数字人技术。

短视频要想实现很好的商业价值，前提是必须有足够大的曝光量，要想做到这一点，核心就是让用户喜欢，而用户喜好的前提是内容要好，优质短视频至少要满足以下几个条件：

1）规避敏感词，注意别违规。不管哪个平台，都是有内容审核机制的，首先要了解基本的内容规则，不能发布不过审或者限流的内容，关于敏感词，网上都是有合集手册的，利用搜索功能就可以找到。

2）视频内容最好要原创。关于原创度，这个大可放心，我们是利用 ChatGPT 产出的内容，由于随机性的原因，所以内容大概率都是原创。如果你担心内容质量不好，也可以直接找到爆款视频，然后再利用 ChatGPT 进行二次创作和优化。

3）一个好的短视频，不仅要考虑内容本身，还要考虑它的商业变现，如果你要做带货短视频，那么就要想办法让视频内容和你带货的产品挂钩。但这里就需要技巧了，不能太生硬，否则让用户反感，这视频播放量一定好不了。

4）要有情绪渲染力。关于情绪渲染力，很多人质疑，AI 能有什么情感？其实数字人在这方面的表现已经接近真实人类了，使用数字人技术生成短视频是一个不错的选择。

9.5　用 ChatGPT 打造 3D 大片

在制作 3D 视频之前，先来熟悉一个工具——LeiaPix Converter。LeiaPix Converter 是一个在线图像处理工具，它可以将 2D 图像灵活转变为绚丽的 3D 图像。这款神奇的工具使用的是 Leia 独家研发的专用算法，赋予了照片、插画以及艺术作品等 2D 图像深度和立体感。

你是不是觉得这么好的工具一定很贵，其实不然，它完全免费！

9.5.1　3D 视频创作流程

为了让大家对接下来的实操步骤更易理解，我们总结出一个小流程，这样大家就有了全局感。大致流程如下：

1. 使用 ChatGPT 创作一段小故事。

2. 将该故事转化为视频脚本，并将其分割为各个镜头。

3. 通过镜头描述，运用 Midjourney 提示词来绘制每个画面的想象图。

4. 把 Midjourney 生成的图片提交给 LeiaPix，将 2D 图像转变为 3D 立体效果的视频。

5. 一直重复第 3 和第 4 两个步骤，直到获取所有 3D 画面的视频。

6. 将所有视频片段连接在一起，并添加字幕进行朗读。同时，为视频添加背景音乐以增强氛围。

以上就是接下来我们要做的实操步骤，看似简单，但实际上我们的大部分时间会花在第 3 和第 4 步上，请务必有耐心，因为这个过程需要我们不断调试和优化才能得到完美的作品。

9.5.2　完整实操

接下来我们一步一步来创作吧，一定要有足够耐心哦！

1. 创作小故事

首先，我们要确定好一个故事主题，比如，我的主题是"3 位主人公将废弃星球恢复往日荣耀"。把主题提交给 ChaGPT，让其生成一段小故事，如图 9-27 所示。

如果你觉得 ChatGPT 生成的故事不符合预期，还可以进行多次训练和调试，直到拿到符合预期的故事情节。

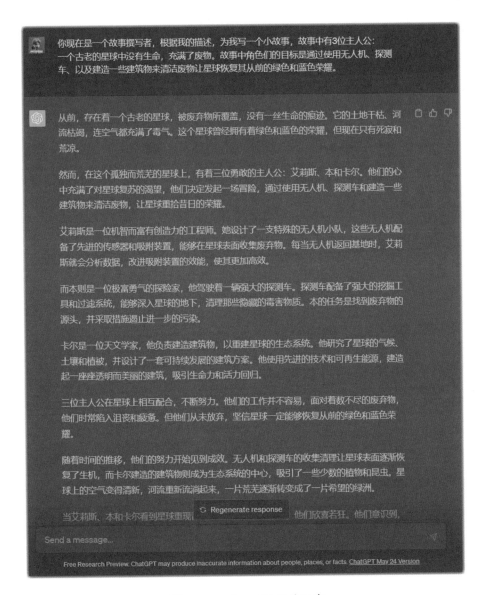

图 9-27　ChatGPT 创作故事

2. 编写视频脚本并切分镜头

这一步，我们需要将小故事转化为视频脚本，其中要包括场景、音乐和镜头描述。而每个镜头都要描述一个特定的画面，这一步也是由 ChatGPT 来完成的，如图 9-28 所示。

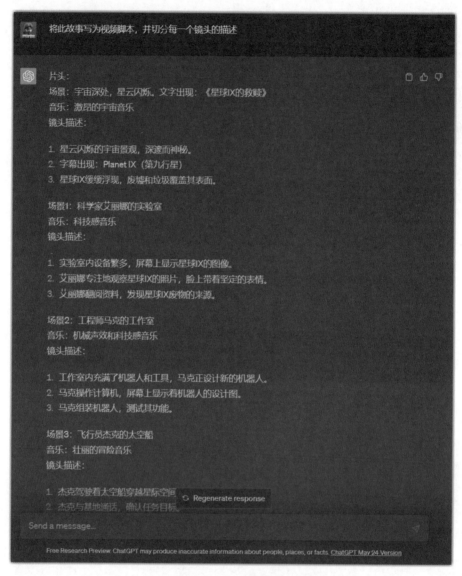

图 9-28 ChatGPT 编写视频脚本并切分镜头

非常不错，看完 ChatGPT 生成的这个脚本内容，相信大家对后面的 3D 视频越来越期待啦！

3. 写出 Midjourney 提示词

在第 8 章已经学习了如何使用 ZelinAI 来制作自己的 AI 应用，其中一个应用就是生成 Midjourney 提示词，而这里，我们用的就是那个模型。将关键词提交给该模型，如图9-29所示。

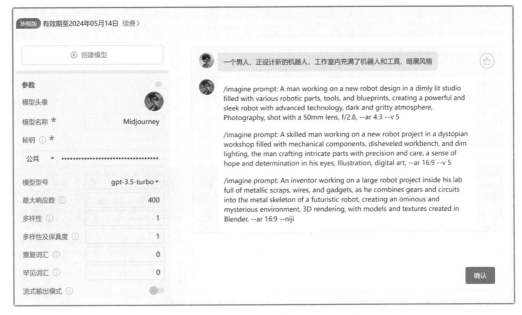

图 9-29　利用 ZelinAI 写出 Midjourney 提示词

拿到此提示词后，到 Midjourney 中生成图片，如图 9-30 所示。

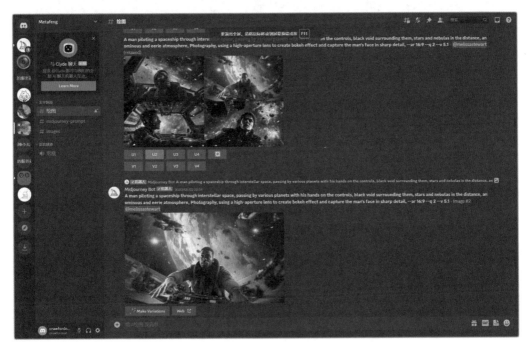

图 9-30　Midjourney 绘图

这一步是最难的，因为 Midjourney 生成的图片很有可能不符合预期，那该怎么办？继续调整提示词，我们需要多一些耐心，而且使用 Midjourney 也有一些技巧，比如你可以将刚生成的图片再次提交给 Midjourney，让它进一步优化。

4. 将图片转为 3D 立体效果

拿到图片后，就该 LeiaPix 上场了，我们把准备好的图片上传给它，随后图片就转换为了 3D 立体效果的视频，如图 9-31 所示。

图 9-31　将 2D 图片转为 3D 立体效果

转换完视频后，需要将视频导出（比如 MP4 格式）备用，如图 9-32 所示。

图 9-32　导出为 MP4 格式

5.　重复以上两个步骤

这一步可能会多耗费一些时间，但这同时也会培养我们的灵感和技巧，相信经过多轮尝试你会越来越得心应手。后面就是不断重复这两个步骤，直到所有画面都被转换为 3D 立体视频，如图 9-33 所示。

图 9-33　准备好所有 3D 视频片段

6. 连接所有视频片段

这一步需要用到剪映，把前面生成的视频片段全部导入剪映，根据故事情节以及实际出图效果将它们排序，形成一段完整的视频，如图 9-34 所示。

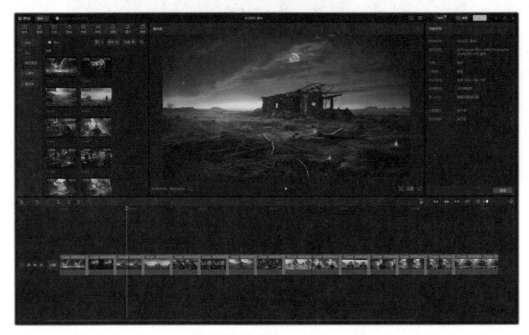

图 9-34　使用剪映连接所有视频片段

此时，视频虽然有了，但还没有字幕和背景音乐，只能算作半成品。

7. 添加字幕和旁白

这一步我们先把字幕和旁白搞定，因为在前面的步骤中，生成的脚本里已经有了相关的文字，所以只需要简单整理一下，剩下的工作交给剪映。依次选择"文本"→"智能字幕"→"文稿匹配"，如图 9-35 所示。

图 9-35　文稿匹配故事文段

不过在这里，出现了一个问题，当我们输入文稿点击"开始匹配"按钮，它会弹出一个提示，如图 9-36 所示。

图 9-36　识别错误信息

这是因为我们的视频里并没有带音频，我们可以在输入文稿之前，随便添加一段音频进去，之后就可以成功识别字幕啦，如图 9-37 所示。

图 9-37　自动添加字幕

刚刚添加的音频是不会用的，所以还需要删除，之后可以使用剪映自带的"朗读"功能来朗读字幕。全选所有字幕，到朗读标签下，选择一个音色，开始朗读，即可为所有字幕匹配声音，如图 9-38 所示。

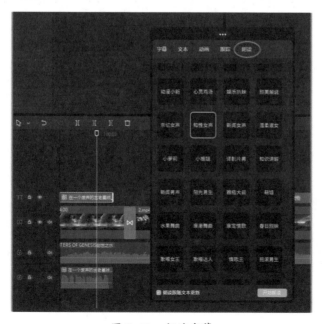

图 9-38　朗读字幕

这一步操作完之后，还需要做一些调整工作，可以从视频开头一点一点对比字幕和视频的位置，进行微调，直到满意为止，如图 9-39 所示。

图 9-39　调整字幕及音频位置

8. 添加背景音乐

字幕搞好了，就差最后一步添加背景音乐了，没有背景音乐，视频就没有灵魂，所以，还要去找一个适合故事的背景音乐，以增强氛围和情感，这一步我们同样在剪映里找，如图9-40 所示。

图 9-40　添加背景音乐

添加完背景音乐后，这个视频基本上就差不多了，为了视频效果更好，你还可以添加一些封面、转场、滤镜之类的元素，这主要取决于你的视频剪辑能力啦！最后，将视频导出即可，整个流程结束。

最后，再来总结一下，整个流程做下来用到了 ChatGPT、Midjourney、LeiaPix、剪映等工具，其中 Midjourney 是收费的，其他则是免费的。

大家完全可以根据上面提到的思路来打造一款收费的 3D 动画片。当然，为了让产品更加专业，你甚至可以自己或者请专业人士来设计动漫角色，然后导入 Midjourney，借助它来生成更多的剧情照，从而提升工作效率。

在这里也给大家分享一个真实案例，就有这么一位聪明的宝妈利用前述的视频制作步骤，为自己的孩子瑞瑞亲手打造了一部名为"瑞瑞的魔法森林冒险故事"的个性化视频。在这个冒险故事中，可爱的瑞瑞成为了主角，而一只机智可爱的小松鼠萌萌则是他的忠实伙伴。这位宝妈巧妙地将现实世界的元素和童话世界的魔法相融合，将生活中常见的环境与奇幻的森林景色交织在一起，创造出一个别具一格的冒险世界。瑞瑞和萌萌穿越魔法森林，解决各种有趣的挑战，不仅丰富了瑞瑞的想象力，锻炼了瑞瑞的勇气，也以生动有趣的方式给他带来了丰富的科普知识。

图 9-41　"瑞瑞的魔法森林冒险故事"视频截图

那么，读者朋友，此时此刻你是否也有了一些想法呢？如果你家也有小朋友，那不妨基于自己孩子的性格特点、成长故事、家庭环境等数据，用 ZelinAI 训练出小模型，量身定做匹配孩子的故事文本。然后将孩子们的照片进行抠图，再利用 AI 技术将其转化为 3D 形象，置入这些精心设计的故事模板中，形成孩子们自己的个性化视频。相信这将会是一件令人兴奋并自豪的事，不是吗？

9.6　ChatGPT 和法律行业的深度结合

　　AI 律所是基于 ChatGPT 的网页小应用（见图 9-42），通过 ChatGPT 的接口，设置角色指令，使其"化身"为一名专业的中国律师。整个开发过程只花费了创作者大约两小时的时间。令创作者想不到的是，这个应用在律师圈子竟引起了轰动。

图 9-42　AI 律所

9.6.1　意外的自传播流量

　　在 2023 年 3 月，创作者尝试制作了十几个行业专家小应用，其中之一就是 AI 律所。起初，创作者并不看好这个应用，根据产品经理的直觉，他认为它的受欢迎程度可能不高。毕竟，在日常生活中，普通人很少会遇到法律问题，而且由于无法接触到律师圈子，也很难验证对 ChatGPT 的需求。因此，在上线后，他只是在一两个社群分享了一下就没有过多关注。

然而，事实证明他错了。这个应用的访问量出乎意料地每天都在上升，每天都有数千名访客，这显然是自发传播带来的流量。

在那段时间里，律师朋友们纷纷加他的微信，对这个小应用的回答表现感到惊喜，并询问了实现原理、是否进行过语料训练以及可能的合作机会，等等。有一个用户告诉他，这个 AI 律所小应用在律师圈子里广为传播。因为 ChatGPT 回答问题时的法律准确性很高，对案情分析也非常到位，有人甚至评价说这个应用可以考虑替代初级律师了。圈内甚至有人猜测这个应用可能是北大法宝（《中国法律检索系统》出品公司）的团队所开发。

这样的猜测令人哭笑不得，但也表明了单纯使用角色指令来展现 ChatGPT 的能力已经足够强大，以至于专业人士都不得不认真思考 ChatGPT 可能带来的颠覆和冲击。

9.6.2　击中律师群体的需求

专家类的角色指令写起来并不复杂。只需要在 ChatGPT 的系统前置指令里，指明身份需要扮演一名专业的中国律师，说明角色应该具备的知识经验、语气风格，规范回答的内容和格式等。这是很标准的角色设定套路。

那么 AI 律师这个角色为何能得到专业律师的认可？也许是因为以下三个原因。

1. 符合律师的专业人设

如何评价一位律师的专业度？一般来说有两个标准：1）对法律法规的熟悉程度；2）案情推理分析能力。

AI 律师在回答时，被要求必须引用相关的法律法规进行分析解释，再结合案情描述给出合理的评判和建议，如图 9-43 所示。这样的回答风格，是非常符合律师的专业人设的。

2. 检索法规的能力不亚于专业软件

我们都知道法律条文非常繁杂，但它又具有公开、规范、变动频次偏低的特征，ChatGPT 作为一个拥有千亿参数的大语言模型，收录的法律数据比较完备，语义理解能力也非常强悍。

我们只需要简单描述案情，它就能快速地找到合适的法律条文并指明出处，这比常规的关键词搜索要强太多了。

比如我们询问它"离婚有哪些相关的法律条款？"，它就会归纳出适用于不同情形的相关法律条款，如图 9-44 所示。

在饭店吃饭遇到邻桌挑衅，对手先动的手，我们都受伤了，我会被处罚吗？

咨询AI律师

AI导航　聊天版　交流群

根据《中华人民共和国治安处罚法》第二十五条规定："在公共场所斗殴，致人轻伤或者财物损失的，处五日以下拘留或者五百元以下罚款；致人重伤、死亡或者造成其他严重后果的，依照刑法有关规定追究刑事责任。"因此，您和邻桌在公共场所发生斗殴，如果只是轻伤，最高可能会被处五日以下拘留或者五百元以下罚款。如果因此致人重伤、死亡或者造成其他严重后果，则依照刑法有关规定追究刑事责任。

不过，在这种情况下，如果您能够证明是对方先动手，您的行为仅是为了保护自身合法权益，那么您的行为可以被认定为正当防卫，可以免于处罚。但是，您的正当防卫也必须符合《中华人民共和国刑法》第二十条规定的正当防卫情形，即为了抵御正在袭击自己或者他人的不法侵害行为，采取了必要的防卫措施，所造成的损害后果符合必要防卫的限度，且不得有过度防卫之嫌。

因此，建议您在受到邻桌挑衅时，应当保持冷静，避免激化矛盾，如果对方有过激行为，可以采取适当的防卫措施，但是一定要注意措施的适度性和必要性，以避免出现过度防卫或者非正当防卫的情况，引起不必要的法律纠纷。

图 9-43　AI 律所响应

根据《中华人民共和国婚姻法》的规定，离婚是指婚姻关系终止的一种法律行为。离婚的相关法律条款如下：

1. 离婚的种类：根据《中华人民共和国婚姻法》的规定，离婚分为协议离婚和诉讼离婚两种。协议离婚是指夫妻双方自愿协商，达成离婚协议，并经过民政部门登记的离婚。诉讼离婚则是指当夫妻双方不能达成协议时，一方或双方向人民法院提起的离婚诉讼。

2. 离婚的原因：根据《中华人民共和国婚姻法》的规定，夫妻之间发生重大变故，感情确已破裂，不能继续共同生活的，可以离婚。具体来说，离婚的原因包括：家庭暴力、出轨、赌博、吸毒、精神疾病等。

3. 离婚的程序：根据《中华人民共和国婚姻法》的规定，协议离婚的程序为：夫妻双方约定离婚协议，到当地民政部门进行登记。诉讼离婚的程序为：一方或双方向人民法院提起离婚诉讼，法院依法审理后作出判决。判决生效后，双方到当地民政部门办理离婚登记手续。

4. 离婚后的财产分割：根据《中华人民共和国婚姻法》的规定，夫妻双方在婚姻关系存续期间所得的财产，应当共同所有。离婚时，夫妻双方可以协商一致，自行分割财产；如果无法协商一致，由人民法院根据夫妻双方的财产状况和婚姻期间的贡献，进行公正合理的财产分割。

以上就是离婚的相关法律条款。在具体的案件中，律师需要结合案情和法律条款进行分析，给出合理的建议和判断。

图 9-44　AI 律所婚姻法回复

3. 只回答法律领域的问题

为了让 AI 律师更像一位行业专家，它被设定为只允许回答中国法律相关的问题。相对正常的提问，它会尽量从法律的角度进行回答，如果问题实在太过离谱，它也可能会拒绝回答。

你问"考研违法吗？"这种奇怪的问题，它完全能接住，分析得头头是道，如图9-45 所示。

根据《中华人民共和国教育法》第四十八条规定，高等学校选拔研究生应当依据考生的政治思想、道德品质、学术素养、综合表现等方面进行综合评价，公开、公正选拔。根据此法律规定，高等学校选拔研究生需要依据考生的综合表现进行综合评价，同时需要公开、公正选拔。

关于考研是否违法的问题，需要根据具体情况进行分析。如果考研过程中存在违反法律法规的行为，如贿赂、作弊等，那么考研就是违法的。同时，如果高等学校在研究生录取过程中存在不公开、不公正的行为，也会违反《中华人民共和国教育法》的规定。

建议考生在考研过程中要遵守法律法规，不得采取任何违法行为，同时高等学校也需要严格遵守法律法规，公开、公正地选拔研究生。如果考生在考研过程中发现有违法行为，可以向有关部门举报，维护自己的合法权益。

图 9-45　AI 律所只回答法律领域相关问题

你问"我想打游戏"这种毫不相关的问题，它也尽量从遵纪守法的角度来分析解释，再给你来一番劝诫，如图9-46 所示。

根据中国法律，未成年人应当遵守社会公德、社会道德和公序良俗，不得从事任何有害于身心健康的活动。游戏作为一种文化娱乐活动，虽然有一定的娱乐性和休闲性，但是如果长时间沉迷于游戏，会对未成年人的身心健康造成不良影响。因此，家长应当对未成年人进行适当的引导，限制游戏时间，保障他们的身心健康。

如果您想打游戏，我们建议您在适当的时间内进行游戏，并且要注意游戏的内容是否适合您的年龄和身心健康状况。我们也建议您在游戏过程中保持适当的休息和运动，避免长时间沉迷于游戏。

此外，如果您在游戏中遇到任何不良信息或者遭遇游戏中的欺诈行为，可以通过游戏平台或者相关部门进行举报和投诉。我们要维护游戏市场的公平、公正和健康发展，保护游戏玩家的合法权益。

总之，游戏作为一种文化娱乐活动，需要我们正确的看待和使用。我们应该遵守法律法规，保障自己和他人的身心健康，并且积极参与游戏市场的建设和管理。

图 9-46　AI 律所对游戏相关问题的回答

所以无论怎么问，专业的中国律师的人设绝不会崩塌。

总的来说，律师是一个知识密度高、思考强度大的职业，需熟知法律条文，用 ChatGPT 干活可以说是绝搭。AI 律所能引起律师们的兴趣，确实是击中了他们的需求的。

9.6.3　ChatGPT 角色指令的局限

然而很遗憾，小小的角色指令是无法满足垂直行业规模化的需求场景的。在接触 ChatGPT 角色指令初期，大家会觉得这种玩法很神奇，让 ChatGPT 扮演谁它就能扮演谁，得到的回答还挺像那么回事。

但它同样也有着很大的局限性。

首先，由于 API 接口有着 4096 个字符的限制，在指令中能定制的语料容量非常有限。

其次，ChatGPT 的数据库截至 2021 年 9 月，中文语料占比不高，即使是高度规范的法律领域，也无法拿过来直接就用。比如我国 2021 年正式实施的《民法典》整合了近十部法规，并没有被收录到 ChatGPT 的数据库中，这意味着 ChatGPT 的数据是过时的。

最后，生成式 AI 还有一个无法忽视的幻觉现象。ChatGPT 生成答案时，其原理是对每个词汇出现的概率进行预测选择，就有可能出现拼凑资料的情况，也就是一本正经地胡说八道。

因此靠角色指令来实现的 AI 律所，只能被评价为是塑造 ChatGPT 专家角色的优秀范例，但离商业化应用还有一段相当长的距离。

9.6.4　ChatGPT 应用的专业赛道

如果要实现各行业定制化的需求，用专业的语料数据进行训练是绕不开的话题。

ChatGPT 官方提供了模型训练的工具，包括 Embedding(嵌入) 和 Fine-tune(微调) 两种模型。嵌入模型是忠于语料再稍加完善，适用于客服场景，微调模型的特点是模仿再创新，更适合内容创作。此外还有 ChatGLM 等开源模型可供选择。

如果想获得良好的问答效果，就需要在模型训练方面投入不小的技术成本。2023 年上半年行业内基本还处于摸索前行的阶段，并没有成熟的模型训练平台和解决方案。我们很期待看到 ChatGPT 大规模赋能各行各业的那一天，同样期待 AI 融入日常工作生活的那一天。

9.7　AI 批量生产表情包

微信表情包是广为人知的内容，制作微信表情包有两种变现方式：赞赏和付费使用。本节将介绍在 AI 绘图技术出现之前，新手如何制作微信表情包，以及如何利用 AI 批量生成表情包，通过自媒体平台快速积累粉丝，并实现引流和变现。

9.7.1　AI 绘图，表情包革命

对于一般人来说，完成微信表情包的制作是一项相当困难的任务。寻找灵感、明确内容和制作过程都需要大量的时间和精力投入，这几步对于普通人来说很难做到，更不用说通过制作微信表情包来赚钱了。

然而，随着 AI 绘图技术的进步，可以利用 AI 绘图工具 Midjourney 来快速批量生产表情包，不但缩短了寻找灵感、明确内容和制作过程的时间，而且让完全不懂设计的普通人，也能轻松完成微信表情包的制作。这项技术的发展为普通人提供了一个新的机遇，使他们能够在微信表情包市场上展示自己的创造力和才华，并获得回报。

9.7.2　AI 批量制作表情包案例

在本节中，我们将分步介绍如何用 Midjourney 快速批量制作表情包。

1. 利用 Midjourney 批量生成表情包

1）输入提示词就可以批量生成自己想要的不同形态和动作表情包。

本案例输入的提示词为：

a cute Husky dog, emoji, anthropomorphic style, Disney style, black strokes, different emotions,multiple poss and expressionses, white background,8k --niji 5 --style cute

以上的提示词较长，不易理解，下面将其拆解。

提示词解释：

- 主体角色：a cute Husky dog（一只可爱的哈士奇狗）描述直接更换成自己想要的动物 / 其他角色。

- 核心关键词：emoji, anthropomorphicstyle, Disney style, black strokes, different emotions,multiple poss and expressionses, white background,8k（表情符号，拟人化风格，迪士尼风格，黑色笔画，不同的情绪，多种姿势和表情，白色背景，8k）

- 版本参数：--niji 5 --style cute

  我们来看看生成的表情包，结果如图 9-47 所示。返回的结果中有 4 个选项，如果我们都不喜欢，可以点击刷新按钮获取新的图片，直到有喜欢的图片，点击图片下方的"U"按钮就可以获取对应的表情包了。

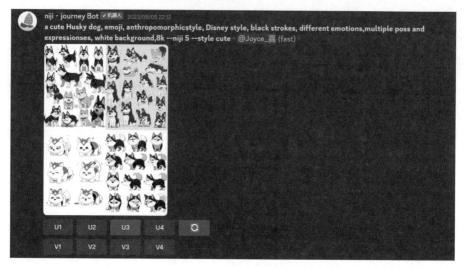

图 9-47　AI 生成的表情包

2）点击"U"按钮后选择表情包，我们还可以再通过"Make Variations"按钮获得更多同种类型但不同形态和动作的表情包，如图 9-48 和图 9-49 所示。

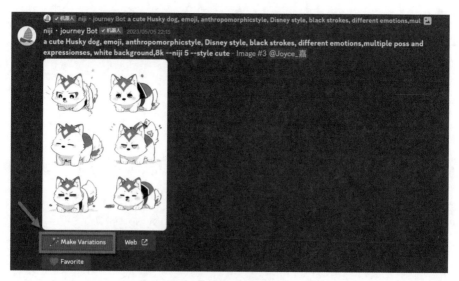

图 9-48　"Make Variations"按钮

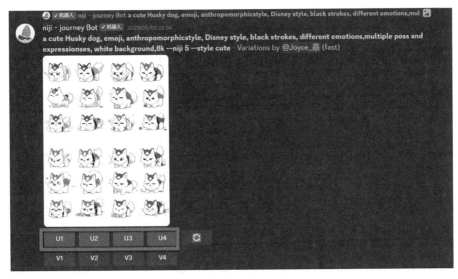

图 9-49　更多表情包变形

以上就是生成表情包的步骤。想让我们的表情包能够使用，还需要更多的操作。

2. 抠图 + 配字制作表情包

接下来要从表情包图片中抠出 PNG 图片。在此推荐一个抠图神器，叫 removebg，如图 9-50 所示。

图 9-50　removebg

点击"上传图片"按钮，将 Midjourney 生成的所有表情包的 .jpg 图片上传抠图为 .png 格式图片，然后点击"下载"按钮即可，就可以获得批量的表情包 PNG 图片了。

有了 PNG 图片后，利用"稿定设计"平台进行表情包的配字，如图 9-51 所示。

图 9-51　"稿定设计"平台

这一步有很多种可选方法，选择"稿定设计"平台是因为在这里更改图片尺寸和大小都非常方便！我们先将画布尺寸改为 240×240px，然后配上自己喜欢的字体，批量操作生成一张张表情包，如图 9-52 所示。

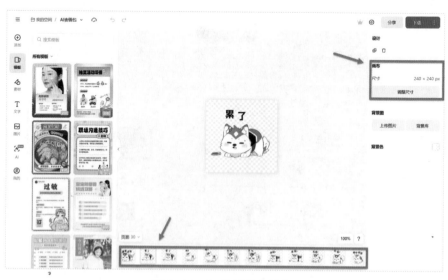

图 9-52　配字制作表情包

3. 上传微信表情开放平台

登录微信表情开放平台网站，在此我们可以创建形象，也可以看到微信表情制作规范，如图 9-53 所示。我们只要按照微信表情开放平台的要求一步步来填写相关信息，就可以完成表情包的上传工作。

图 9-53　微信表情开放平台

从以往经验来看，用 AI 批量生产表情包之后的变现方式主要有如下这些：

- **私人定制表情包进行变现**：可以通过承接私人定制表情包进行收费，比如：宠物、宝宝、角色 IP 等的表情包。

- **卖教程资料包或 AI 绘图课程变现**：通过制作 AI 表情包教程资料包引流至私域，卖 AI 绘图关键词资料包或者 AI 绘图课程变现。

- **通过国外表情包平台变现**：国内做表情包竞争激烈，但是国外的表情包付费正处于红利期，国内免费使用的 Emoji 表情，在国外就需要付费使用。

第 10 章
人工智能行业风向

ChatGPT 的出现，无疑在 AI 行业引发了一股巨浪，这股巨浪，席卷了各行各业。不少企业已经在思考如何将 AI 运用到现有业务，以提高生产效率。本章将简单介绍私有化部署大语言模型的方案，然后再展示几个企业的 AI 落地案例。这些企业，包括科技巨头，也包括一些小微企业，希望这些案例，能为其他想将 AI 运用于现有业务的企业提供思路。

10.1　私有化部署大语言模型

对于企业领导者来说，虽然他们已经看到了大语言模型的巨大潜力，但如何根据企业的特定需求和资源有效地定制和利用这些模型，可能是一项重大的挑战。首先，数据安全问题是至关重要的。虽然 GPT 模型提供了微调的模型服务，但对于那些对数据安全有严格要求的企业来说，其数据可能在公共网络上被暴露是无法接受的。其次，训练这些大语言模型的成本也是一个重要的考虑因素。因为大语言模型通常拥有超过十亿的参数，所以训练这些模型需要大量的算力，这对许多小型企业来说可能是难以承受的负担。最后，模型的性能也是一个关键问题。模型的性能不仅与其参数规模有关，也与训练数据有关。OpenAI 在训练 ChatGPT 的过程中投入了大量的资源来收集和标注训练数据。因此，如果您是一位企业领导者并正在考虑使用这些大语言模型，那么这些都是需要认真考虑的问题。

10.1.1　垂直领域大语言模型应用方案分析

普通人更熟悉通用领域的大语言模型，例如 ChatGPT、文言一心等，对于垂直领域的大语言模型可能了解不多，但是对于公司而言，垂直领域的大语言模型却是很有价值的。例如对于金融公司，想使用大语言模型帮客户回答金融知识，但是回答的金融知识要融入公司的特色，即回复的内容有公司自定义的数据。这样，就和其他公司的不一样，展现公司的特色。

垂直领域的大语言模型对于企业的价值不言而喻，那么该如何部署垂直领域的大语言模型（简称"大模型"），并且融合到自己的业务中呢？

目前业内讨论并可能实现的方案有三种：

- 利用开源的模型部署私有模型，进行微调。
- 使用大公司提供的大模型微调的方案，例如使用 OpenAI 的 GPT-3 模型进行微调。
- 使用向量数据库作为知识库，存储知识，在回答的时候，把背景知识作为回答的一部分发给大模型。

接下来，将会详细介绍这三种方案，分析其优缺点。

10.1.2　部署私有化模型

一般来讲，普通企业构建专属大语言模型很少会选择从零开始训练，而是找预训练好的大模型，在它的基础上做 instruction tuning（指令微调），进而打造属于自己的大模型。

目前除了并未开源的商用大模型，如 GPT-3、百度文心一言、阿里通义等，也有开源的大模型，例如清华大学的 ChatGLM-6B，复旦大学的 MOSS、Meta AI 的 LLaMA 模型等。

1. ChatGLM-6B

ChatGLM-6B，采用模型量化技术，使用户可以在普通的消费级显卡上进行本地部署（在 INT4 量化级别下，最低只需 6GB 显存）。通过近 1T 的标识符进行中英双语训练，结合监督微调、反馈自助及人类反馈强化学习等技术，62 亿参数的 ChatGLM-6B 虽然在规模上不及千亿级模型，但显著降低了用户部署的难度，并已经能够生成高度符合人类喜好的回答。

为方便演示，我们在 AutoDL 上部署了 ChatGLM 的 Web 服务，使用了 1 张 A40 显卡，48GB 显存，图 10-1 是简单的使用展示。

> 对话　　模型配置
>
> 你好
>
> 你好！请问有什么需要帮助的吗？
>
> 请介绍你自己
>
> 我是一个名为 ChatGLM 的聊天机器人，我是基于 GLM-130B 模型训练的，我可以回答各种问题，并与您进行对话。我的知识库包含了大量的语言数据，例如文章、书籍、新闻等，我可以识别并回答关于这些文本的问题。同时，我也具备一些自然语言处理的能力，例如情感分析、语义理解等，以便更好地理解您的问题并给出合适的回答。

图 10-1　ChatGLM 演示

通过监控数据发现，每次对话，模型推理都消耗接近 50% GPU 算力以及超过 15GB 的显存，如图 10-2 所示。

虽然 ChatGLM-6B 的参数规模比不上 GPT-3 这种千亿规模的模型，但是 ChatGLM 能够在用户消费级的显卡上部署，大大降低了用户部署的门槛，同时也能生成符合人类偏好的回答，作为垂直领域应用开发的模型也是不错的选择。

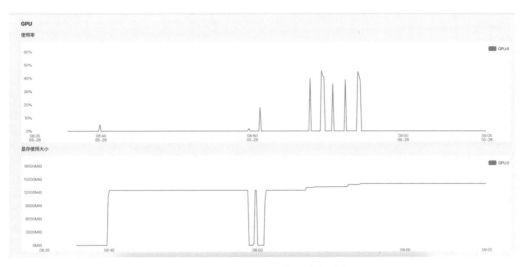

图 10-2　ChatGLM 资源消耗监控

2. MOSS

MOSS 在《流浪地球 2》电影中是改变人类命运的人工智能系统，而在现实生活中，MOSS 是复旦大学开源的对话语言模型，支持中英两种语言并可接入多种插件。其子系列模型 moss-moon 拥有 160 亿个参数，具有良好的硬件适应性，在 FP16 精度下能在单张 A100/A800 显卡或双张 3090 显卡上运行，而在 INT4/8 精度下可在一张 3090 显卡上运行。MOSS 基础模型是在约七千亿中英文及代码、单词的预训练数据基础上训练而成的，进一步经过对话指令的微调、插件的增强学习和人类偏好的训练，从而具备了进行多轮对话和运用多种插件的能力。为了更直观地认识 MOSS，我们也在 AutoDL 上，使用 A40 显卡、48GB 显存搭建了 MOSS 的演示案例，如图 10-3 所示。

通过监测数据发现，仅仅是问了几个简单的问题，GPU 使用率居然到了 90%，显存占用接近 20GB，如图 10-4 所示。

3. LLaMA

LLaMA，全名为 Large Language Model Meta AI，是 Meta AI（原名 Facebook AI 研究实验室）团队开发并公开的预训练语言模型。该模型以其较小的参数规模获得卓越性能而引人注目。据 Meta AI 公布，LLaMA 模型共有四个版本，参数规模从最小的 70 亿扩展到最大的 650 亿。Meta AI 的研究人员指出，大型模型的高昂成本已经阻碍了学术研究的进展，因此，推出这种参数更少、性能更强的模型将有助于推动学术研究的发展。为了降低模型使用成本，Meta AI 的研究人员选择在更多 tokens 上训练这些较小的模型。为了取得更佳效果，即使是参数规模最小的 LLaMA 模型，也在 1 万亿个 tokens 上进行了训练。

User

你好，你是谁

MOSS

您好！我是MOSS，一名人工智能助手。我可以帮助您回答问题、提供建议和执行任务。有什么我可以帮助您的吗？

⏱ 28.03s

User

请帮我写一个关于Moss知识基础的大纲

MOSS

好的，以下是一个关于Moss知识基础的大纲：

1. 什么是Moss？
   ○ Moss是一种用于检测代码相似性的工具。它可以在多个编程语言中运行，并生成 个报告，显示两个或多个代码文件之间的相似性。
2. Moss如何工作？
   ○ Moss使用一种称为"指纹"的技术来比较代码文件。指纹是由代码中的标识符、关键字、运算符和常量等元素生成的。
   ○ Moss将每个文件的指纹与其他文件的指纹进行比较，并计算它们之间的相似度。
3. Moss支持哪些编程语言？
   ○ Moss支持多种编程语言，包括C、C++、Java、Python、Perl、Ruby、Scheme等。
4. Moss有哪些用途？
   ○ Moss可以用于检测抄袭、查找相似的代码、

⏱ 60.16s

图 10-3　MOSS 演示案例

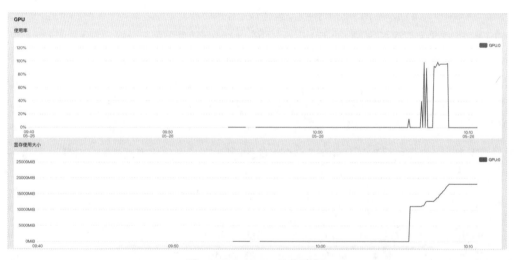

图 10-4　MOSS 性能消耗

10.1.3　使用大语言模型服务

对于中小企业，大语言模型服务是不错的降本增效工具，但并非核心业务，自行训练和自行部署，需要专业的算法工程师进行调优，并需要花费硬件成本和服务维护成本，对于小

企业，这是不小的开支，所以使用大公司提供的大语言模型服务也是一种不错的选择，目前，较为有名的是 OpenAI 的 GPT-3 模型、微软的 GPT-3 模型、百度的文言一心、科大讯飞的星火等。

1. OpenAI 的 GPT-3 和微软 GPT-3 模型

GPT-3 模型有 1750 亿个参数，可以说是业内领先的大语言模型，基于其微调的大模型 GPT-3.5 以及 ChatGPT 模型更是被大众所熟知。GPT-3 模型是可以支持微调的模型，OpenAI 提供非常方便的微调工具，基于此工具，不懂技术的用户也可以微调自己的模型。

为了使用 OpenAI 提供的微调服务，我们需要登录 OpenAI 官网查看微调文档，参考文档中的工具使用案例，就可以将我们的数据上传到 OpenAI 的服务器，开始训练我们的模型了。

在训练完成后，可以通过 OpenAI 提供的调试页面进行调试，模型的训练效果和训练的参数量及训练数据质量有很大的关系，按照以往的经验，训练数据需要在 500 条以上，才能有好一些的效果。

微软的 GPT-3/GPT-3.5 模型和 OpenAI 的模型并没有区别，微软作为 OpenAI 的主要股东之一，在 OpenAI 公布了 ChatGPT 模型后，微软就将其集成到 New Bing 搜索中了。但也有一点不一样，微软的安全控制策略比 OpenAI 更加完善，OpenAI 有时候返回的内容并不合法，而微软返回的内容经过严格的安全控制，其安全性更高，返回的内容更符合法律法规。

2. 百度文言一心

百度的文言一心是国内首个公布的商用大语言模型，在发布当天，引发了非常大的关注。图 10-5 是百度文言一心的使用截图。文言一心相对于 ChatGPT 更优秀的地方是，能够通过文本生成图片，这个能力对于很多用户来说非常实用。

百度云智能上也公布了文心一言的商用服务。对于没有训练大语言模型能力，但又想往 AI 智能化转型的企业来说，直接使用文心一言的服务是一个非常不错的选择。

3. 讯飞星火

科大讯飞是国内知名的人工智能厂商，旗下有多款人工智能产品。讯飞星火是科大讯飞发布的大语言模型。图 10-6 是讯飞星火的使用页面。

图 10-5　文心一言聊天页面

图 10-6　讯飞星火聊天页面

科大讯飞提供了多种访问讯飞星火的方式，对于开发者而言，非常便利。

10.1.4　构建知识库

采用向量数据库作为大语言模型长期记忆知识库的方案是目前常用的方案，成本低，也能充分利用大语言模型的推理、意图识别和文本生成能力。

1. 向量数据库作为知识库的流程

图 10-7 是该方案的常用流程。

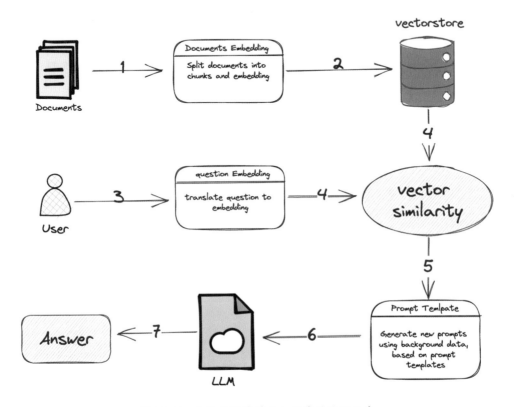

图 10-7　向量数据库作为知识库的流程示意

以上的流程主要分为两大部分：

1. 业务知识入库，对应图片中的第 1 和第 2 步，是在用户提问前必须完成的操作。

   用户将业务相关的数据，转换为 Embedding（词嵌入），一般 LLM 模型提供方都会提供文本转换为嵌入的工具。转换为 Embedding，会将 Embedding 存入向量数据库，业务知识收集可以说是整个流程中比较费时、费力的部分。

2. 用户向大语言模型提问，对应图片中的第 3 和第 4 步

   用户的提问先通过工具转换为 Embedding，然后在向量数据库中查询相似的内容（类似于通过搜索查询与问题相关的文本）。

3. 在第 4 步查询到背景知识后，将背景知识和提问用设定好的提示词模板，构建新的提示词给到大语言模型。大语言模型收到提示词后返回用户的回答。

开源项目 LangChain 基于此模式，提供了基于知识库的大语言模型开发框架。国内外一些在 AI 浪潮下提供小模型训练服务的公司大部分是基于此方案的。例如国内的 ZelinAI。

2. 常用向量数据库

向量数据库是该方案的核心组件，打个比喻来说，大语言模型在这个方案中是大脑，而向量数据库就是海马体。我们将介绍目前常见的向量数据库，用于方案选型的参考。

先简单介绍下 chroma，chroma 是一款开源的嵌入式数据库，常用于构建本地数据，是比较轻量级的数据库，但是搜索结果可能偶尔会不尽如人意。尽管如此，它还是一个适合新手入门的向量数据库。

除了 chroma，还有其他优秀的向量数据库，例如 Pinecone。Pinecone 是在 2021 年公布的商业化产品，在大语言模型出来之前，Pinecone 虽然使用门槛低、性能好、支持高并发、高实时性，但是并没有大客户买单。直到 2023 年，大语言模型时代到来，大语言模型 + 向量数据库这种模式给 Pinecone 带来了巨大的市场空间，Pinecone 也迎来了它的时代。

以上都是国外的团队开发的数据库，国内也有团队研发了向量数据库，milvus 就是其中一款。

当然，除了上面列举的，市面上还有不少向量数据库方案，对于业务选型来说，最终要考虑的是成本以及产品性能的均衡。小团队、个人开发者可以选择开源的 chroma，但是对于并发量大的产品，选择一款托管的向量数据库方案，不失为一个好的选择。

10.1.5 方案优缺点的对比

前几节讲解了三种垂直领域构建自定义服务的常见方案，表 10-1 中将对比这几种方案的优缺点。

表 10-1 三种方案的优缺点

方案类型	优点	缺点
部署私有化模型	可定制化程度高	模型优化、训练需专业知识
	内网部署，数据安全可控	模型训练、使用机器成本高
		需要维护模型服务，有成本

方案类型	优点	缺点
大语言模型服务	定制化程度相对较高 接入成本较低 训练模型需专业人员	数据暴露在外部服务，存在数据泄露风险 模型训练成本高 模型性能依赖训练数据规模
构建知识库	大语言模型回答表现不依赖训练数据规模 上手成本低，普通人也可快速构建知识库	数据暴露在外部服务，存在数据泄露风险 响应速度强依赖向量数据库的查询速度

在选择构建自己的垂直领域大语言模型应用时，应该充分考虑自己的业务场景、业务数据安全性问题。没有适用所有场景的方案，但可以有适用某个场景的方案。

10.2　知名厨房电器制造商 AI 降本增效案例

由于授权限制，我们无法明确指出制造商的具体名称。然而，可以确定的是，该制造商是国内的一家知名企业，其产品线丰富多样。考虑到客服培训师的需求，公司需要对培训人员提供专业的培训。为此，工作人员需要精心准备相应的教学大纲和考试题目。

制定教学大纲和考试题目无疑是一项既耗费时间又消耗精力的任务。在传统工作模式中，工作人员需要投入大量的人力和物力，进行如整理产品信息、编制培训大纲等重复烦琐的工作，效率相对较低。特别是对于产品线丰富的厨房电器制造商，每一款产品的结构、功能和操作方法可能存在显著差异，这就意味着每一款产品都需要定制化的培训材料和试题。在如今追求快速和效率的社会背景下，这种低效率的方式显然无法满足企业快速发展的需求。

对于企业来说，尽管这项任务成本高昂，但却是必不可少的。因为销售人员的专业水平在很大程度上影响着产品的销量，这使得高质量的培训成为企业重要的工作任务。

按常规的模式，制定大纲和试题的步骤一般如下。

1. 收集和整理产品信息

收集和整理产品信息是一项烦琐的工作，这不仅包括了产品的技术参数，还包括了操作指南、安全提示、维护建议等多方面的内容。这需要工作人员对产品有非常细致的了解，同时也需要他们有足够的耐心和细心。对于一家产品种类多样的公司来说，这是一项需要消耗大量人力和时间的工作。

2. 编写培训大纲和试题

编写培训大纲和对应的试题是一项极具挑战性的工作。不同的产品需要不同的培训大纲，这就要求工作人员能够充分理解每一种产品的特性和操作要点，然后将这些内容精练地转化为一份清晰、易理解的培训大纲。在此基础上，工作人员还需要根据大纲编写出反映产品知识点的试题。这既需要他们具备丰富的产品知识，也需要他们具备出色的教学设计能力。

面临众多产品线，企业必然需要投入大量的人力资源。然而，人力资源的投入并不总是等同于高效益。实际操作中，过多的人力投入可能会导致资源的闲置。原因在于不同的产品可能存在各自的销售旺季和淡季，而在淡季，对应的培训人员和材料可能会处于闲置状态。这种情况不仅浪费了企业的人力资源，还增加了公司的运营成本。此外，工作人员对产品的熟悉程度和教学设计能力也会对培训效果产生显著影响。这些因素合起来，可能会进一步影响企业的收益。

总的来说，传统的培训模式在人力物力投入、工作效率和成本控制等方面存在诸多问题。为了解决这些问题，我们需要寻找更高效、更节约的工作模式，而 AI 技术的引入正是解决这个问题的一种可能方向。

10.2.1 AI 技术带来的新的可能性

我们提出了一个大胆的设想：能否利用 ChatGPT 在文本生成和理解上的超群实力，来解决企业培训的问题？这是一个很好的想法，然而，OpenAI 并未提供 ChatGPT 模型的微调能力，这限制了其学习新知识的可能性。

为了迎接这个挑战，我们研发出了 ZelinAI 服务。微软作为 OpenAI 的股东之一，可以提供 GPT-3.5 模型服务的能力，微软向我们提供了一个更加安全的 GPT-3.5 模型调用接口。ZelinAI 服务基于此接口，采用了"小模型训练"策略，即利用私有向量数据库存储相关业务知识。当我们向 ChatGPT 提出问题时，将这些背景知识带入，引导 ChatGPT 进行推理总结，从而生成符合需求的培训大纲和题目。

在此过程中，我们按照以下的步骤实施新的培训方案。

1. 收集相关的业务信息

收集的数据包括产品特性、产品配置、使用方法、注意事项等，将这些信息存入私有向量数据库，构成了我们的"知识库"。收集业务数据是推动培训业务转型的关键步骤。在这个过程中，数据的保密性显得尤为重要。因为数据需要储存在外部服务器上，并非完全私有化部署，因此我们必须对业务数据是否可公开进行细致的评估和审慎的考虑。

在收集到数据后，我们需要对数据进行整理，采用问答的方式对业务数据进行管理，在后续数据变更后，我们会更新训练数据，重新训练。在整理数据的过程中，特别要注意数据的干净，所谓的干净，就是要清除数据的特殊字符，这些特殊字符会增加我们的训练成本，但是并不会对训练有任何帮助。

2. 利用 AI 生成大纲和试题

在此流程中，我们运用训练充分的模型，构建一种应用程序。当我们需要制定试题时，需要告知 AI 关于题目的产品类别、题目类型（选择题或问答题）、题目数量及需要强调的知识点（如产品操作或后续维护）。在收到这些指令后，AI 将自动生成符合需求的培训大纲和试题，并提供参考答案。

在整个流程中，客户只需提供产品特性、产品配置、使用方法、注意事项等信息，然后 ZelinAI 根据这些数据，通过小模型进行训练，最后为客户提供定制化的培训大纲和试题。客户工作人员根据这些输出结果，能够快速地制定出符合产品需求的培训方案，极大地提高工作效率，同时也节省了人力资源，使企业得以将更多的精力投入到核心业务中。

10.2.2　AI 助力企业降本增效

借助人工智能技术，公司已成功实现快速且精确生成培训大纲和相关内容，显著提高了工作效率。这一技术应用不仅节省了大量的人力资源，而且显著增强了企业的竞争力。例如，在新产品上市时，只需将新产品的特性、配置、使用方法和注意事项等信息输入 AI，让 AI 重新进行训练，并生成新的培训大纲和考试题目，便可快速启动员工培训。对于产品快速迭代的企业来说，这项能力无疑具有巨大优势。

人力资源是企业的宝贵财富。在传统的培训模式下，大量人力被投入到收集和整理产品信息、编写培训大纲和试题等烦琐任务中。这消耗了许多时间和精力，降低了员工的工作效率。随着人工智能的发展，这些问题找到了有效的解决方案：公司只需要将产品信息上传到训练平台，即可完成培训，大大减少了人力投入。

人工智能还能即时、准确地输出培训大纲和试题。相比于传统模式下需要大量时间和多次修改的培训材料制备，人工智能可以根据数据库中的知识进行推理归纳，快速输出培训大纲和试题，从而提升工作效率。

在这个全球化和科技化的时代，企业需要不断地创新和改革以适应瞬息万变的市场环境。人工智能技术的优势在于其能显著减少企业的人力成本、提高工作效率，并增强企业的竞争力。因此，人工智能已成为企业培训的新趋势，它将打开一扇新的大门，引领企业走向更广阔的未来。

10.3　科技巨头 AI 降本增效案例

本案例是美国前五的计算机硬件生产商之一的客户。该客户的产品线十分丰富，涵盖了个人计算设备、打印及扫描设备、企业和商业解决方案，以及显示器和配件等。在全球范围内，他们拥有大量的经销商和零售商，包括大型连锁零售店、独立计算机零售商和线上商店。这些经销商和零售商以及直接与客户团队接触的销售团队构成了庞大的销售网络。

然而，这样庞大的销售网络也带来了巨大的挑战，尤其是在产品知识培训方面。产品知识培训是至关重要的，因为它直接影响着产品的销售效果。面对庞大的代理商团队和多样化的产品线，客户在进行培训时需要投入大量的人力和物力，这是一项巨大的挑战。

为了避免代理商在产品知识方面的不足对品牌产生负面影响，客户组建了专门的培训团队，并推出了名为"某大学"的代理商培训项目。该项目旨在强化代理商的产品知识，采用了线上和线下的方式进行培训，覆盖 170 多个国家，并提供 11 种语言的教学。同时，客户还设立了其他的培训项目，以进一步提升代理商的销售能力和产品知识。

这些举措清楚地表明，代理商培训是客户极其重视的工作。为了实现覆盖 170 多个国家、提供 11 种语言的教学，客户不惜投入大量的人力和资金。这充分体现了客户对提升代理商能力以及维护和提升品牌形象的决心和投入。然而，面对如此大规模的培训工作，客户无疑面临着巨大的困难和挑战，也需要耗费大量的资金，所以需要高效、精准的解决方案来应对。

10.3.1　ChatGPT 带来的智能化效率革命

作为一款全面且多功能的聊天模型，ChatGPT 在各种场景下都展现出令人惊叹的能力，不仅可以编写文章，更可以提出具体的方案。在了解到 ChatGPT 的强大功能后，客户产生了一种大胆而创新的想法：使用 ChatGPT 来提供精准的问答服务，从而提升培训的效率。

这个想法无疑是具有前瞻性的，然而，在实施过程中，客户也面临着一些挑战：

1. ChatGPT 的训练数据截止于 2021 年 9 月，因此其知识库无法进行实时更新。

2. 如何将客户自身的产品数据导入 ChatGPT，使得 ChatGPT 能够在收到代理商的咨询时，使用公司内部的产品知识进行回答。

3. ChatGPT 主要作为一个网页服务存在，虽然它提供了 iOS 端的应用，但是代理商并非都使用苹果手机，也不可能在需要咨询产品知识的时候都能方便地打开电脑进行咨询。

4. 安全性问题。由于 ChatGPT 的训练数据来自互联网，互联网上的信息繁杂，含有大量的不良信息，如何保证 ChatGPT 返回的数据的安全性，是一个重要的问题。作为世界知名的科技巨头，如果使用的咨询助手返回不良信息，对企业形象的破坏无疑是严重的。

5. OpenAI 并未在全球范围内开放 ChatGPT 的使用权限，在一些国家，可能无法使用。对于业务遍布全球的世界领先企业来说，ChatGPT 可能并不能完全满足客户需求。

尽管遇到了这些问题，但客户对于探索 AI 技术以降低成本提升效率的尝试并未停止。在进行深入研究后，客户发现了一款名为 ZelinAI 的应用，这款应用的底层会调用微软提供的 GPT-3.5 模型，且其提供的服务符合客户的需求。

首先，对于用户最关心的安全性问题和业务数据训练问题，微软提供的服务设定了大量的安全审核规则，防止了不良信息的泄露。同时，ZelinAI 内部也采用了腾讯的敏感词监控服务，进一步保障了返回数据的合法性。此外，ZelinAI 还提供了小模型训练服务，允许客户上传自己的业务数据。在用户每一次提问时，系统都会从小模型中检索到用户的业务数据，再将这些数据和用户的问题一起提交给 GPT-3.5 模型。模型根据用户的问题和背景数据，利用其强大的推理能力，给出合理的答案。这样一来，客户就可以将产品数据成功地传授给 ChatGPT 了。

其次，为了满足中国用户的使用习惯，ZelinAI 优化了产品的用户体验。只有网页端和 iOS 端的服务显然不能满足中国用户的需求，在中国，用户更倾向于使用微信的小程序或者手机上能随时打开的 H5 页面。在收集并整理了这些业务数据后，训练出了针对客户的小模型，并提供了对外的 H5 和微信公众号访问接口。这样一来，客户的代理商就可以通过微信登录，随时随地学习和咨询产品知识，使得产品知识的理解和推销变得更加方便。这也极大地提升了客户的代理商培训的效率。

10.3.2　未来展望

大语言模型的诞生，如 ChatGPT，标志着人工智能领域的一项重大突破，这种基于大量数据训练的语言模型正在颠覆传统的商业模式，为企业带来前所未有的竞争优势。鉴于此，越来越多的企业开始探索如何使用大模型提升效率、改善用户体验并赋能决策者。

首先，大语言模型可以提供智能化、上下文感知的聊天机器人，这对于提升客户体验至关重要。这些机器人可以处理客户的查询和问题，提供人性化的服务，甚至在需要的时候调用 API 执行具体的动作。这不仅提升了客户满意度，也为人工客服释放出更多的时间和精力，让他们可以关注更复杂的任务。

其次，大语言模型的出现也极大地提高了企业的决策能力。例如，大语言模型可以分析大量的非结构化数据，如社交媒体信息、客户反馈和市场趋势，为决策者提供可行的洞见。而最近的创新更是让企业可以将自己的数据插入大语言模型，这让决策者能够利用数据的力量，做出更加精准、数据驱动的决策。

再者，大语言模型也可以提升企业的运营效率。大型企业往往需要管理和处理大量的信息，大语言模型可以帮助自动化各种任务，如文档摘要、邮件起草和内容生成，提升生产力，节省宝贵的时间和资源。

在创新方面，大语言模型可以生成创意内容，提出解决问题的可能方案，帮助企业创新。企业可以利用这些模型来培育创新文化，开发新的产品、服务或策略。

为了充分利用大语言模型，企业必须制定全面、前瞻的策略。这包括确定大语言模型可以带来最大影响的具体领域，投资必要的基础设施、人才和培训，制定引导、促进 AI 的道德，解决数据隐私、安全性和模型潜在偏差等问题，与 AI 专家或外部供应商合作，确保大语言模型的成功实施和与现有系统的集成。

10.4　探索 AI 时代

在 2022 年 11 月底，ChatGPT 横空出世，自此 AI 革命开始，一场百年不遇的科技浪潮正在上演，正如马化腾所言，这是几百年不遇的、类似发明电的工业革命一样的机遇。这场革命的力量堪比蒸汽机和电力产业革命，将为企业和个人带来前所未有的颠覆和机会。

在国外，除了 OpenAI，谷歌等各种科技巨头，纷纷推出了自家的大语言模型。国内的科技公司也不甘落后，也纷纷推出了自家的产品，例如百度的文心一言、阿里的通义千问，人工智能时代已经到来。

10.4.1　AI 的重要性

每一次科技革命都会改变工作方式，这次 AI 革命也不例外。自从 ChatGPT 在 2022年 11 月底推出以来，它正逐渐渗透到我们的工作生活中。这种 AI 技术对工作方式产生了深远的影响，它不仅简化了许多烦琐的任务，还提高了工作效率和准确性。随着时间的推移，ChatGPT 将不断学习和进化，为用户提供更智能、个性化的支持。

在职场白领的工作中，ChatGPT 成为他们的得力助手。它能够快速生成报告和总结，基于海量数据进行分析，帮助他们做出更明智的决策。同时，ChatGPT 还具备语言翻译和实时沟通的功能，促进了跨文化和跨地域团队之间的合作。

对于自由职业者来说，ChatGPT 是他们的创作伙伴。它可以提供创意灵感、帮助构思文章结构，甚至提供专业领域的知识和术语。自由职业者借助 ChatGPT 的能力，能够更高效地完成文案撰写、文章创作，提升作品质量和客户满意度。

企业家也发现了 ChatGPT 的巨大潜力。作为商业咨询的利器，ChatGPT 能够分析市场数据、行业趋势，提供深入见解和战略建议。它的智能问答功能使得企业家可以快速获取所需信息，做出明智决策，为企业发展赋能。

可以说，在这个效率为王的年代，先掌握了 AI，就是先掌握了效率，你就走在了别人的前面。

10.4.2　AI 崛起对企业和个人的机遇

AI 的出现催生无限机遇，引领诸多行业跨越式发展。纵观科技演进史，技术革新往往伴随着产业变革，成就一代代行业领军者。AI 正扮演着一座跨越时代的桥梁角色，将企业与个人引向充满希望和无限可能的未来。

对于企业来说，AI 技术应用成为增强竞争力的关键因素。部署 AI 的企业可实现生产自动化与管理智能化，极大地提高效率并降低成本。AI 技术能够深挖商业智慧，助力企业发现需求痛点、解决行业难题，逐步实现商业模式创新，引领行业发展方向。未来将属于能勇敢拥抱 AI、善于运用 AI 的企业。

对于个人来说，AI 崛起势必带动职业生涯飞速发展。在工作内容多样化及复杂化的背景下，AI 的辅助让个人在服务、创新与合作方面更为高效。AI 的广泛应用将推动个人职业技能不断迭代，专业及人际交往能力水平不断提升。运用 AI 技术的工程师、设计师等都将成为未来职场的佼佼者，个人更有机会依托 AI 打造超级个体。

在 AI 的大潮中，平台和超级个体将携手共进。时势造英雄，AI 技术届时将成为企业与个人的秘密武器，制定新的商业模式，提升创新及竞争实力。巨头、中小企业或个体创业者无一例外，都有机会在 AI 时代大放异彩，实现梦想与价值。

随着技术飞速进步以及应用场景的不断扩大，AI 产业将迎来更多的发展机遇。平台将提供众多工具及资源，协助企业与个人充分利用 AI 技术构建优质内容。同时，超级个体的崛起将推动个人能力突破，让每个人都能成为独当一面的创作者与创新者。

在这个平台与超级个体共存的时代，我们将目睹诸多新兴企业、个体创业者的崛起，实现各自梦想。AI 将作为得力助手，赋予他们潜能，激活无尽的创造力与创新力。

因此，让我们共同迎接充满机遇和挑战的 AI 时代，在广阔的 AI 产业中探寻属于自己的那份惊喜，共同缔造更加美好的未来！